海洋可再生能源水动力学基础

李　晔　著

科学出版社

北　京

内 容 简 介

本书分类总结了海洋各项可再生能源水动力学研究过程中需要用到的一些基础理论知识及主要问题，基于专业实际需要，本书限于讨论海洋潮汐能、潮流能、波浪能、温差能及盐差能五个方面的力学知识及问题。

本书内容丰富，知识系统全面，是流体力学、流固耦合、物理海洋学、气象学等以力学为本、多学科交叉融合发展新理论的典范，具有较高的学术和实用价值，适合有一定基础理论知识储备的研究生和高年级本科生阅读与学习。

图书在版编目(CIP)数据

海洋可再生能源水动力学基础/李晔著. —北京: 科学出版社, 2021.2
ISBN 978-7-03-060439-2

I. ①海… II.①李… III. ①海洋动力资源-再生能源-研究 IV. ①P743

中国版本图书馆 CIP 数据核字 (2019) 第 014104 号

责任编辑: 赵敬伟 郭学雯 / 责任校对: 邹慧卿
责任印制: 吴兆东 / 封面设计: 无极书装

科学出版社 出版
北京东黄城根北街 16 号
邮政编码: 100717
http://www.sciencep.com

北京九州迅驰传媒文化有限公司 印刷
科学出版社发行 各地新华书店经销
*
2021 年 2 月第 一 版 开本: 720 × 1000 B5
2021 年 2 月第一次印刷 印张: 10 1/4
字数: 210 000

定价: 88.00 元

序

海洋能是清洁而可持续的可再生能源，主要包括潮流能、波浪能、温差能和盐差能等多种能源形式。开发和利用海洋能对缓解能源危机和减轻环境污染具有重要的意义。近年来，欧美各国均大力推进海洋能发电技术的发展，并颁布了海洋能发展路线规划图。我国政府也高度重视海洋能的开发利用:《中华人民共和国可再生能源法》(2006) 及其修正案 (2010) 明确将海洋能纳入可再生能源范畴，在法律层面上保障其发展;《可再生能源发展“十三五”规划》《海洋可再生能源发展纲要 (2013—2016 年)》等文件对海洋可再生能源的开发利用分别提出了总体目标和具体方案，从政策角度上导向其发展；国家高技术研究发展计划、国家科技支撑计划、国家自然科学基金、中国可再生能源规模化发展项目等均为海洋可再生能源的研究提供经费，连同海洋可再生能源专项资金，构成国家资助体系，也在经济方面上支持其发展。

该书作者李晔教授曾在美国国家可再生能源实验室 (National Renewable Energy Laboratory，NREL) 任职。基于作者在欧美的多年积累及归国后的进一步探索，该书从流固耦合的力学本质出发，系统地构建了海洋能力学基本理论，包括对海洋能资源的分布规律、能源转换过程中的流体与结构物响应关系、能源转换装备在极端情况下的非线性力学特性、环境流体与海洋能造成的扰流之间的融合过程等内容，并据此提出了相应的力学方法，进而以中国沿海为例子，给出了方法的应用范例。

目前，国外出版了一些海洋能方面的专著，但多以某个特殊专题为主。国内海洋能领域的专著也偶有出现，但全面介绍海洋能各种不同形式及其相应理论分析和实验研究的著作很少，无法满足广大读者的需要。该书内容丰富，知识系统全面，是流体力学、流固耦合、物理海洋学、气象学等以力学为本、多学科交叉融合发展新理论的典范，具有较高的学术和实用价值。本人乐于作序，并向海洋能相关的科技工作者推荐分享。该书的出版将填补国内海洋能理论分析与试验方法等方面出版物的空缺，推动国内海洋能发电技术的发展。

胡文瑞

中国科学院院士

中国科学院力学研究所研究员

2018 年 11 月 1 日

前　言

海洋能 (主要包括波浪能、潮流能和温差能等) 是被诸多沿海国家作为未来能源特别是电力供给的重点资源之一。欧美诸国在 21 世纪初已经小有成就，一些全尺度样机已经成功并网，半商业化运作。我国的科研院所联合企业也迅速赶上，但部分试验的不成功还是体现了对机理的了解不足。作者在欧美和中国从事海洋可再生能源力学方面的相关研究工作已有十五年，在可再生能源力学领域拥有一定的知识储备及经验。为方便广大研究生及科研工作者在海洋可再生能源领域的科研学习及设计研究，在同行专家的鼓励下，著得此书，分类总结了海洋各项可再生能源水动力学研究过程中需要用到的一些基础理论知识及注意事项。基于专业实际需要，本书限于讨论海洋潮汐能、潮流能、波浪能、温差能及盐差能五个方面的力学知识及问题。

本书在学生培养过程中起到了承上启下的关键作用，在学习本书的过程中既需要回顾已经学过的一些基础数学、工程数学、物理学、流体力学等，又能将基础理论知识更有针对性地应用于实际科研及设计中，因此本书适合有一定基础理论知识储备的大三、大四学生及研究生阅读与学习。传统已有书籍既涉及水动力学，又兼顾空气动力学等，知识点较多，未能针对具体工程及科研问题给出相对应的详细力学理论及解决方案，适合作为工具书，而不适合作为科研的快速入门书籍。本书侧重介绍对各种不同形式海洋能的理论分析和实验研究，弥补了国内在海洋能领域这方面著作的空缺能够满足广大读者的需求。因此，作者深深感受到，要使学生更快地从理论学习转变到科研工作中，有一本深入浅出、专业性强而又形象易懂的教材是十分重要的。

作者将海洋可再生能源现有的发电装备的特性归纳成章，同时每章分别自成体系，使读者既可以系统地研究海洋能可再生能源力学基本理论，又可以根据各种能源装备设计运行的特性直接参考对应章节。全书除参考文献外共分为 7 章，第 1 章介绍了能源的分类、海洋可再生能源的分布情况、海洋可再生能源研究的必要性、迫切性及国内外研究现状。第 2 章系统地介绍了海洋中各类可再生能源开发利用的一些现有技术，主要是指潮汐能、潮流能、波浪能、温差能及盐差能的发电技术。第 3 章回顾了在这些能源开发利用过程中需要考虑到的基础力学理论。接下来，第 4~6 章分别详细地介绍了潮流能、波浪能、温差能和盐差能方面的一些力学理论、数值模拟、工程优化及实验研究。第 7 章是对全书的简要总结，并对海洋可再生能源开发利用的未来进行了展望。

在此对在本书编写、校核、修改过程中给予帮助的博士后及研究生表示感谢，感谢何凤兰与毋晓妮博士后以及徐潜龙、章丽骏、胡秋皓、张威、张鹏坤、孙博文、聂小云、郭世豪、谢惠媚、徐文涛、任桐鑫、严志勇、范准、涂昌健等研究生的帮助。也感谢国家自然科学基金委员会对作者相关研究的支持。感谢国家自然科学基金项目 (批准号：51479114、11742021、51761135012)、海洋可再生能源专项项目 (编号：GHME2014ZC01) 和科技部项目 (编号：2017YFE0132000) 的资助。

由于知识有限，书中难免有遗漏之处，诚请读者批评指正。

李　晔

2018 年 12 月

公式符号说明

第 3 章

符号	意义
$\boldsymbol{V}$	流动速度
S	面积
V	体积
$\boldsymbol{n}$	沿外法线方向的矢量
ρ	流体密度
t	时间
$x,\ y,\ z$	坐标位置
u, v, w	x, y, z 方向上速度分量
$\varphi(x, y, z, t)$	速度势
$\boldsymbol{\Omega}$	涡量
E	流体动能
υ	流动速度大小
$\boldsymbol{\Phi}$	自定义速度势
U_n	物面法向速度投影
$\eta(x, z, t)$	流体自由面形状
g	重力加速度
R	流场中某点离扰动源的距离
$\psi(x, y, z, t)$	流函数
P, Q	流域内的点
V_e	外部流域
$\boldsymbol{n}_e$	沿外法线方向的单位矢量
G	格林函数
σ	源分布密度
μ	动力黏性系数
$\boldsymbol{F}$	体积力
τ_{ij}	表面力
u', v', w'	瞬时速度的脉动量在 x, y, z 方向上的分量
$\bar{u}, \bar{v}, \bar{w}$	平均速度在 x, y, z 方向上的分量，滤后速度
ν_T	涡黏性系数
l_T	湍流特征长度
u_T	湍流特征速度
τ	雷诺应力
ε	单位质量的湍动能耗散率

续表

符号	意义
κ	波数
$E(\kappa)$	湍流能量谱密度
ω	波浪圆频率
A	波浪波幅
λ	波浪波长
$S_\zeta(\omega)$	波能谱密度函数
A_0	Avogadro 常量
C_p	定压比热容
C_V	定容比热容
δq	系统增加的热量
δw	系统做的功
Δe	系统增加的内能
k_B	Boltzmann 常量
M_w	气体分子摩尔质量
R_u	普适气体常数

第 4 章

符号	意义
B	阻塞系数
d	理想水轮机装置直径
s	理想水轮机间距
α	内域速度系数
β	外域速度系数
C_T	无因次阻力系数
C_P	无因次功率系数
P_W	理想潮流能装置尾迹中耗散的能量
η	理想潮流能装置的能量利用效率
Fr	弗劳德数
T	理想潮流能装置所受到的阻力
ζ	高于平均水深的自由面高度
τ_x, τ_y	x, y 方向的底部摩擦力
ω	潮流差的频率
A_∞	无穷远处横截面面积
A_D	盘面处横截面面积
A_W	盘面之后无穷远处横截面面积
U_∞	无穷远处水流速度
U_D	盘面处水流速度
U_W	盘面后无穷远处水流速度
a	轴向诱导速度
T	制动盘作用在水流上的力

续表

符号	意义
λ	叶梢速度比
Ω	角速度
θ_p	半径 r 处的螺距角
θ_T	半径 r 处的扭角
θ_{p0}	叶片螺距角
α	攻角
φ	水动力螺距角
$\mathrm{d}F_L$	升力增量
$\mathrm{d}F_D$	阻力增量
$\mathrm{d}F_N$	法向力增量
$\mathrm{d}F_T$	周向力增量
U_{rel}	相对流速
σ_r	半径 r 处的弦长稠度

第 5 章

符号	意义
C_{dm}	线性阻尼系数
D_{dm}	二次阻尼系数
C_{PTO}	PTO 装置的线性阻尼系数
k_{PTO}	PTO 装置的弹性回复力系数
F_{ext}	波浪激励力
A_{wp}	水线面面积
Fr	弗劳德数
St	斯特劳哈尔数

第 6 章

符号	意义
A_{sec}	面积
A_c	基准面面积
C_d	黏性阻尼系数
C_{jk}	阻尼
D	直径
E	弹性模量
F_{FK}	Froude-Kriloff 力
F_{DK}	绕射力
F_{shear}	底部受到的剪切力
f	摩擦系数
$H_1, H_2, H_3, \cdots$	各个状态对应的焓值
H_f	液态水的焓值
H_{fg}	水蒸气的焓值
h_{eo}	饱和蒸汽在蒸发时的焓值

续表

符号	意义
$h_{\rm to}$	汽轮机出口处的焓值
I	惯性矩
$K_{\rm jk}$	回复力
L	长度
$M_{\rm jk}$	广义质量矩阵中的元素
$M_{\rm ajk}$	附加质量
$m_{\rm in}$	单位长度管内流体的质量
m_p	单位长度管的质量
$m_{\rm wf}$	循环工质的质量
$P_{\rm cs}$	泵抽取深海海水消耗的功率
$P_{\rm net}$	有效功率
$P_{\rm pump}$	泵消耗的功率
P_t	汽轮机的发电功率
$P_{\rm wf}$	泵抽取工质消耗的功率
$P_{\rm ws}$	泵抽取表层海水消耗的功率
$p_{\rm ei}$	工质在蒸发室的压力
$p_{\rm eo}$	工质在冷凝室的压力
p_s	工质在储藏室处的压力
$S_1, S_2, S_3, \cdots$	各个状态的熵值
t	时间
Q_c	工质传递给深海海水的热量
Q_e	表层海水传递给工质的热量
$u_{\rm rel}$	相对运动速度
$V_{\rm in}$	抽入海水的流速
W	功
$W_{\rm wf}$	泵所做的功
W_g	系统所做的功
$\alpha_{\rm NH}$	蒸发室中的氨水混合物中液态氨的体积分数
$\beta_{\rm NH}$	整个氨水混合物中液态氨的体积分数
η	效率
$\eta_{\rm cp}$	循环泵的效率
η_g	发动机的效率
$\eta_{\rm sp}$	海水泵的效率
η_t	汽轮机的效率
ρ	密度
φ_t	波浪入射势
φ_D	扰动势
$\varphi_{\rm gas}$	水蒸气的质量分数

目　录

序
前言
公式符号说明
第 1 章　概述 …… 1
1.1　人类的发展与能源 …… 1
1.2　能源的分类 …… 3
1.3　海洋可再生能源 …… 5
1.3.1　资源分布情况 …… 5
1.3.2　各国能源政策 …… 6
1.4　我国海洋能现状 …… 8
1.4.1　可再生能源政策回顾 …… 9
1.4.2　海洋能发展规划 …… 10
第 2 章　海洋可再生能源现有技术 …… 13
2.1　潮汐能发电 …… 13
2.2　潮流能发电 …… 14
2.2.1　垂直轴式 …… 15
2.2.2　水平轴式 …… 17
2.2.3　涡激振动式 …… 18
2.3　波浪能发电 …… 18
2.3.1　振荡水柱技术 …… 19
2.3.2　振荡体技术 …… 21
2.3.3　越波式技术 …… 21
2.3.4　其他技术 …… 22
2.4　温差能发电 …… 22
2.4.1　开式循环 …… 23
2.4.2　闭式循环 …… 24
2.4.3　混合式循环 …… 24
2.5　盐差能发电 …… 25

第 3 章　基本力学理论回顾 ······ 27

3.1 连续性方程 ······ 27

3.2 势流理论 ······ 30

3.2.1 理想流体的无旋运动 ······ 30

3.2.2 控制方程 ······ 31

3.2.3 定解条件 ······ 32

3.2.4 格林函数法 ······ 34

3.3 黏性流体力学 ······ 37

3.3.1 N-S 方程 ······ 37

3.3.2 RANS 模拟 ······ 41

3.3.3 大涡模拟 ······ 46

3.3.4 其他 ······ 49

3.4 刚体动力学 ······ 49

3.5 结构动力学 ······ 50

3.5.1 建立系统运动方程的综述性方法 ······ 50

3.5.2 线性结构系统的振动分析方法 ······ 52

3.5.3 动力响应计算的数值方法 ······ 56

3.6 波浪理论 ······ 58

3.6.1 线性规则波 ······ 59

3.6.2 非线性规则波 ······ 62

3.6.3 不规则波浪 ······ 64

3.6.4 Morison 公式 ······ 67

3.7 热力学基础 ······ 69

3.7.1 热力学第一定律 ······ 69

3.7.2 状态方程 ······ 70

3.7.3 比热 ······ 70

3.7.4 热力学第二定律 ······ 70

3.7.5 性质关系 ······ 71

3.7.6 理想气体 ······ 71

3.8 试验综述 ······ 72

3.8.1 力学相似准则 ······ 73

3.8.2 试验场地 ······ 74

第 4 章　潮流能 ······ 80

4.1 水轮机相关理论分析 ······ 80

4.1.1 一维动量理论 ······ 80

4.1.2　理想水轮机叶轮理论……83
4.1.3　动量叶素理论……88
4.2　数值模拟……91
4.2.1　势流方法……91
4.2.2　N-S 方程方法……92
4.3　潮流能水轮机组分析……93
4.3.1　理想情况下水轮机流场模型……94
4.3.2　水轮机排布阵列模型……98
4.3.3　水道动力学模型……99
4.3.4　水轮机尾迹及机组的数值模拟……102
第 5 章　波浪能……106
5.1　波浪能相关理论及数值模拟模型……106
5.1.1　摆式模型……106
5.1.2　振荡水柱模型……108
5.1.3　鸭式模型……110
5.1.4　点吸收式模型……111
5.2　阵列研究……115
第 6 章　温差能和盐差能……118
6.1　温差能……118
6.1.1　基本概念……118
6.1.2　发电原理……119
6.1.3　温差能设施的环境载荷……126
6.1.4　技术瓶颈……129
6.1.5　工程应用前景……131
6.2　盐差能……131
6.2.1　发电原理……131
6.2.2　工程应用与研究进展……133
第 7 章　总结与展望……134
参考文献……136

第1章　概　　述

什么是“能源”呢？关于能源的定义，目前约有 20 种。例如，《科学技术百科全书》说：能源是可从其获得热、光和动力之类能量的资源；《大英百科全书》说：能源是一个包括所有燃料、流水、阳光和风的术语，人类用适当的转换手段便可让它为自己提供所需的能量；《日本大百科全书》说：在各种生产活动中，我们利用热能、机械能、光能、电能等来做功，可用来作为这些能量源泉的自然界中的各种载体，称为能源；我国的《能源百科全书》说：能源是可以直接或经转换提供给人类所需的光、热、动力等任一形式能量的载能体资源。可见，能源是一种呈多种形式的，且可以相互转换的能量的源泉。

能源是人类活动的物质基础。在某种意义上讲，人类社会的发展离不开优质能源的出现和先进能源技术的使用。在当今世界，能源和环境是全世界、全人类共同关心的问题，也是我国社会经济发展的重要问题 [1-5]。

1.1　人类的发展与能源

人类为了生存和繁衍，需要源源不断地从周围环境的自然资源中索取能源。地球上的能源种类繁多，如煤、石油、天然气、太阳能、水能、风能、生物能等。能源寓于人类生存的自然环境，因此人类的发展与能源的利用密切相关。从人类的发展史来看，大致分为四个阶段。

第一阶段，人类完全依赖大自然恩赐的光热而生存繁衍的能源阶段。

自地球上出现原始人类以后的一段漫长时期，人类完全靠采集野生果实、植物，捕获野生动物、鱼类，仰赖自然界的太阳光热能源延续后代。这个时期的原始人类主要生活在热带和亚热带地区。到四五十万年以前，人类的祖先能制造简陋的工具，并开始利用火取暖和烧烤食物。火的使用是人类在向自然斗争时得到的一个强有力的武器和工具，所以他们不再限于适应自然、利用自然，而是开始通过自己的集体劳动实践改造自然，这时人类已经遍布亚、非、欧、美各洲大陆适于人居的地区。但在这个原始时代，世界人口数量很少，长期徘徊在 10 万至 20 万之间，人口增长几乎处在停滞状态。

第二阶段，人类在依赖自然恩赐的同时自觉地广泛改造、利用自然的木柴能源阶段。

这一阶段大约始于一万年以前的新石器时代。这个时期，社会生产力发生了一个革命性的变化。人类开始用石斧、石锄伐木开荒，向大自然索取食物和能源。从西亚地区的人们开创了“刀耕火种”的最初始农业开始世界人口逐渐增至1000万左右。这时，人们都以自然界广泛分布、容易采伐的森林作为社会燃料消费的基本能源。这个木柴能源时代一直延续到前资本主义时期，大约经历了一万年的光景。随着人类改造自然、利用自然的进展，世界人口开始增多，从公元初的2亿多上升到1750年的7.28亿。但由于生产力水平不高，人口发展仍处于高出生率伴随相差无几的死亡率的阶段，增长缓慢。

第三阶段，18世纪工业革命后，生产力飞跃的化石能源阶段。

1764年，珍妮机的问世，特别是蒸汽机的发明和广泛应用，使得木柴不再能适应机器生产的需要和日益增长的能源需求，从而极大地促进了对地下丰富的矿物燃料——煤炭的开发利用。20世纪初期，从能源角度来说，世界进入了煤炭时代。

人类发现、认识和利用石油的的时间可以追溯到遥远的古代，但它作为一种能源被社会广泛利用，只有一百多年的历史。直到第二次世界大战(简称二战)之后，特别是经过20世纪五六十年代资本主义世界风行一时的“动力革命”，石油在能源消费结构中跃居第一位，从1965年起，世界进入了石油能源时代，化石能源得到了广泛应用，经济飞速发展，人类生存条件改善，人口迅速增加。从1750年至1980年，世界人口从7.28亿跃至44.15亿，达到了惊人的程度，2000年达到了61.18亿，且依然在继续增长，仅250年增长超过8.4倍。但在这个阶段，西欧、北美和亚非拉地区的国家人口的增长出现了不同的趋势。从欧洲工业革命到21世纪初，西欧国家随着化石能源的替代和经济现代化的发展，人口死亡率大幅度下降，而出生率保持不变，人口增长迅速加快，平均人口增长率从0.5%增长到1.0%~1.5%；北美还由于大量移民迁入，在1850~1900年的50年中，平均人口增长率高达2.3%。而同期的亚非拉地区(除了拉美一些获得独立的国家外)大部分处在殖民统治时期，遭受帝国主义的掠夺、杀戮，饥饿、疾病交加，人口增长较慢，仍然处在高出生率(4.5%)、高死亡率(3.5%~4%)、低增长率(0.3%~1%)阶段。

二战后，人口增长出现了相反的趋势。亚非拉发展中国家，人口急剧增长。从1950年的16.43亿增加到1980年的32.51亿，约30年翻了约一番。人口增长速度不仅高于同时期的发达国家，而且高于亚非拉各国过去任何时期，人口达到了前所未有的数量。20世纪50年代至80年代初，发达国家的人口增长率从1.3%降为0.8%，联邦德国等国家甚至出现负增长。而发展中国家却持续增长，从2.1%上升到2.4%。其中，非洲在1980年达到2.9%，肯尼亚竟高达3.9%。发展中国家人口增长不断上升与发达国家逐年下降的趋势延续至今。

第四阶段，21世纪后，能源多样化阶段。

随着化石能源的过度开发和利用，能源危机、环境污染等问题日益突出。越来越多的国家试图探索新型的清洁可再生能源。近些年，太阳能、地热、风能、水能、海洋能、生物质能等可再生能源消耗比重在逐年增加，关于新型技术的科研探索更是如火如荼地开展着。然而，新型技术从产生到成熟应用需要一个生命周期，因此，广泛地利用安全、清洁、廉价且可再生的能源还需要相当长的时期去探索实现。在这个阶段的初期，世界人口增长率开始下降，但人口数仍将持续上升一段时间。据美国政府部门的预计，到 2030 年世界人口将达到 100 亿。可以预见，随着能源结构的变革，教育和科学技术的高度发展，人口质量将空前提高，人类自身的生产必将和谐地融入自然之中，世界走向人口控制时代，并且最终有可能稳定在一个理想适度的平衡点。

1.2　能源的分类

我们能利用的能源种类繁多，经过人类的不断研究开发，更多的新型能源也开始能满足人类的使用需求。根据不同的划分方式，能源也可分为不同的类型。

(1) 按来源分为 3 类：

(a) 来自地球外部天体的能源 (主要是太阳能)。除直接辐射外，还为风能、水能、生物能和矿物能源等的产生提供基础。人类所需能量的绝大部分都直接或间接地来自太阳。首先，植物通过光合作用将太阳能储存，被长埋地下经过数千百万年转变为煤、石油、天然气等化石能源。此外，水能、风能、波浪能、海流能等也都是由太阳能转换来的。

(b) 地球本身蕴藏的能量。通常指与地球内部的热能有关的能源和与原子核反应有关的能源，如原子核能、地热能等。地球可分为地壳、地幔和地核三层，它是一个大热库。地壳就是地球表面的一层，一般厚度为几千米至 70km 不等。地壳下面是地幔，它大部分是熔融状的岩浆，厚度为 2900km，火山爆发一般就是由这部分岩浆喷出而形成的。地球内部为地核，地核中心温度为 2000℃。可见，地球上的地热资源储量也很大。

(c) 地球和其他天体相互作用产生的能量。如潮汐能，它与天体引力有关，地球 — 月亮 — 太阳系统的吸引力和热能是形成潮汐能的来源。潮汐能包括潮汐和潮流两种运动方式所包含的能量，随着潮水的涨落，带动潮汐及潮流能转换装置源源不断地为人类生产生活提供清洁能源。

(2) 按能源的基本形态分类，有一次能源和二次能源。

前者即天然能源，指在自然界现成存在的能源，如煤炭、石油、天然气、水能等。后者指由一次能源加工转换而成的能源产品，如电力、煤气、蒸汽及各种石油制品等。一次能源又分为可再生能源 (水能、风能及生物质能) 和非再生能源 (煤炭、石油、天然气、油页岩等)。根据产生的方式可分为一次能源 (天然能源) 和二次能源 (人工能源)。一次能源是指自然界中以天然形式存在并没有经过加工或转换的能量资源，一次能源包括可再生的水力资源和不可再生的煤炭、石油、天然气资源，其中包括水、石油和天然气在内的三种能源是一次能源的核心，它们成为全球能源的基础；除此以外，太阳能、风能、地热能、海洋能、生物能以及核能等可再生能源也被包括在一次能源的范围内；二次能源则是指由一次能源直接或间接转换成其他种类和形式的能量资源，例如，电力、煤气、汽油、柴油、焦炭、洁净煤、激光和沼气等能源都属于二次能源。

(3) 按能源性质分类，有燃料型能源 (煤炭、石油、天然气、泥炭、木材) 和非燃料型能源 (水能、风能、地热能、海洋能)。

人类利用自己体力以外的能源是从用火开始的，最早的燃料是木材，之后用各种化石燃料，如煤炭、石油、天然气、泥炭等。现在可以利用太阳能、地热能、风能、潮汐能等新能源。当前化石燃料消耗量很大，但地球上这些燃料的储量有限。未来铀和钍将提供世界所需的大部分能量。一旦控制核聚变的技术问题得到解决，人类实际上将获得无尽的能源。

(4) 根据能源消耗后是否造成环境污染可分为污染型能源和清洁型能源，污染型能源包括煤炭、石油等，清洁型能源包括水力太阳能、风能以及核能等。

(5) 根据能源使用的类型又可分为常规能源和新型能源。

常规能源包括一次能源中的可再生的水力资源和不可再生的煤炭、石油、天然气等资源。新型能源是相对于常规能源而言的，包括太阳能、风能、地热能、海洋能、生物能以及用于核能发电的核燃料等能源。由于新能源的能量密度较小，或品位较低，或有间歇性，按已有的技术条件转换利用的经济性尚差，还处于研究、发展阶段，只能因地制宜地开发和利用，但新能源大多数是可再生能源。资源丰富，分布广阔，是未来的主要能源之一。

(6) 根据形态特征或转换与应用的层次，世界能源委员会推荐的能源类型分为：固体燃料、液体燃料、气体燃料、水能、电能、太阳能、生物质能、风能、核能、海洋能和地热能。其中，前三个类型统称为化石燃料或化石能源。已被人类认识的上述能源，在一定条件下可以转换为人们所需的某种形式的能量。比如薪柴和煤炭，把它们加热到一定温度，它们能和空气中的氧气化合并放出大量的热能。我们可以用热来取暖、做饭或制冷，也可以用热来产生蒸汽，用蒸汽推动汽轮机，使热能变成机械能；也可以用汽轮机带动发电机，使机械能变成电能；如果把电送到工厂、企业、机关、农牧林区和住户，它又可以转换成机械能、光能或热能。

(7) 根据是否作为商品进行销售分为商品能源和非商品能源。

凡进入能源市场作为商品销售的煤、石油、天然气和电等均为商品能源。国际上的统计数字均限于商品能源。非商品能源主要指薪柴和农作物残余 (秸秆等)。

(8) 根据是否可再生分为可再生能源和非再生能源。

凡是可以不断得到补充或能在较短周期内再产生的能源称为可再生能源，反之称为非再生能源。风能、水能、海洋能、潮汐能、太阳能和生物质能等是可再生能源；煤、石油和天然气等是非再生能源。地热能基本上是非再生能源，但从地球内部巨大的蕴藏量来看，又具有再生的性质。核能的新发展将使核燃料循环而具有增值的性质。核聚变的能比核裂变的能可高出 5~10 倍，核聚变最合适的燃料重氢(氘) 又大量地存在于海水中，可谓 “取之不尽，用之不竭”。

1.3 海洋可再生能源

海洋面积占地球总面积的 71%，太阳的能量到达地球后，绝大部分被海洋所吸收，从而转化为各种形式的海洋能海洋能主要包括波浪能、潮流能、潮汐能和温差能等。① 海洋能大部分来自于太阳的辐射和月球的引力。例如，海水吸收了部分太阳能使海洋表层水温升高，形成深部海水与表层海水之间的温差，因而形成温差能；太阳能的不均匀分布导致地球上空气流运动，进而在海面产生波浪运动，形成波浪能；由地球之外其他星球 (主要由月球) 的引力导致的海面升高形成位能，称为潮汐能；由上述引力导致的海水流动 (其特征是在一日内发生的、有规则的双向流动) 的动能称为潮流能；非潮流的海流 (其特征是一日内不发生双向的流动) 的成因有受风驱动或海水自身密度差驱动等，归根结底是由太阳能造成的，其动能称为海流能 [6]。

海洋能是清洁的可再生能源，开发和利用海洋能对缓解能源危机和环境污染问题具有重要的意义，许多国家特别是海洋能资源丰富的国家，大力鼓励海洋能发电技术的发展。由于海洋能发电系统的运行环境恶劣，与其他可再生能源发电系统，如风电、光伏发电相比，发展相对滞后，但是随着相关技术的发展，以及各国科技工作者的努力，近年来，海洋能发电技术取得了长足的进步，陆续有试验电站进入商业化运行。可以预见，不远的将来，随着海洋能发电技术的日益成熟，将会有越来越多的海洋能发电系统接入电网运行。由于海洋蕴涵量巨大，海洋能必将成为能源供给的重要组成部分。

1.3.1 资源分布情况

如前文所讲，潮水的高度差引起的是潮汐能，而潮流水平的运动引起的则是潮流能。一般来说，除了特定的地理条件外，高大的潮流差是引起快速潮流的先决条件。通常，潮流能必须达到至少 1.5~2.0m/s 的流速时，才能有效地推动潮流能设备运转。

① 海上风电作为风电和海洋能的交叉，海洋生物能作为生物质能和海洋能的交叉，不在本书中介绍。特别的，作为一个海上风能的研究者，作者将专门写一册关于海上风电的专箸，以飨读者。

洋流受海洋环境等的影响，通常速度很慢，但比潮流能更为持续，多产生于海洋深处。与潮流不同的另一个特点是，洋流通常是单向的，而潮流与各自的潮汐周期是反向的。全球范围内洋流比较丰富，但到底有多少能被提取用于工程发电，目前还是未知的。然而，如果技术发展到能够利用这些低速度流，洋流发电将比潮流能发电具有更为广大的规模和市场空间。

在全球各大海洋中，波浪能最丰富的区域位于纬度 30°～60°，最大的功率处于大陆的西海岸。作为一种资源，根据海况条件，波浪能具有相对较好的可预测性的优势 (利用方法和测量网络)。虽然有季节性，但在大部分区域，冬天的波浪条件比夏天更好，不分昼夜，一天 24 个小时都有波浪，海况相比太阳能/风能具有更多的惯性，突变可能性更低。

很大一部分太阳能照射在海洋表面，作为热能存储在海洋上层。海洋表面和深海水域 (一般深度 1000m 以下) 的温度梯度较大，海洋温差能 (OTEC) 需要至少 20℃的实际温度差。纵观全球，海洋温差能资源主要分布在赤道两侧的热带地区 (纬度 0°～35°)。可以预期，这些热带海洋表面温度最高，而且往往在海洋水体分层方面非常稳定。

虽然在温差方面存在轻微的季节性因素，但资源仍可以认为是持续可用的，因此海洋温差能是一种具备成为基载电潜力的海洋能源技术。海洋热能的全球理论资源潜在总量是海洋能源资源潜力中最高的。然而，相比其他，如波浪和潮流技术，温差能系统的能量密度相当低，这使得将温差能发展为一个具有成本效益的技术成为一个持续的挑战。

盐差能资源广泛分布在全球范围内，位于淡水河流汇入盐水的区域，河流的入海口是最明显的区域，大量的淡水和盐水交汇。由于盐差能资源是连续的，当技术成本划算时，可作为潜在的基载电力来源。目前，由于技术中所需的膜成本很高，对盐差能技术的商业开发造成了阻碍。

1.3.2 各国能源政策

为促进海洋能等可再生能源的发展，世界上各个国家自 20 世纪 90 年代初就通过国家立法和制定相关政策，从确立发展目标、提供资金补助和奖励政策、实施可再生能源配额制、强制上网电价政策、税收激励政策等方面，引导和激励海洋可再生能源技术和产业发展。

1. 技术发展路线

为促进海洋能的发展，各个国家或者地区的政府发布技术发展路线，提出阶段性海洋可再生能源发电量目标或在总的能源消费中海洋可再生能源所占比例。这种目标政策在整个海洋可再生能源激励政策体系中处于较高层次，相当于政府提供了一定规模的市场保障，从而起到引导和激励社会投资的作用。

英国政府于 2010 年发布了《海洋能行动计划 2010》(*Marine Energy Action Plan* 2010)，2011 年、2013 年又进行了更新修订 [7]，该行动计划阐述了 2030 年英国海洋可再生能源领域发展的远景目标，提出了发展海洋可再生能源的 4 点重要举措: ①设立全国性的战略协调小组，为英国海洋可再生能源发展制定详细的路线图；②引导私有资金进入海洋可再生能源领域；③推动海洋可再生能源技术研发；④建立海洋可再生能源产业链。

美国国家可再生能源实验室于 2010 年发布了《美国海洋水动力可再生能源技术路线图：2010》(*The United States Marine Hydrokinetic Renewable Energy Technology Roadmap:* 2010)[8]，路线图给出了至 2030 年美国海洋可再生能源发展愿景。路线图从远景、部署方案、商业战略、技术战略和环境研究几个方面阐述了美国未来 20 年海洋可再生能源的发展路径和方案，该路线图为美国海洋可再生能源提供了短期、长期目标以及技术路径，对推动美国海洋可再生能源技术的广泛应用起到了积极的促进作用。

其他国家如加拿大、爱尔兰等也纷纷制定了技术路线图。2011 年 11 月，加拿大海洋可再生能源组织 (OREG) 公布了《加拿大海洋可再生能源技术路线图》[9] (*Canada's Marine Renewable Energy Technology Roadmap*)，提出了 3 个目标、6 种技术途径和 5 个促进条件。2005 年 10 月，爱尔兰通信、海洋和自然资源部发布了《爱尔兰海洋能源》[10] (*Ocean Energy in Ireland*)。

2. 技术促进

目标政策需与其他激励政策相结合，其他激励政策是实现发展目标的保障。在促进海洋能技术的研发方面，各个国家纷纷制定相应的激励政策，如加大资本投入、增加人才培养计划、研发机构整合等。

英国为海洋能设立了很多的公共基金，包括 EPSRC-SuperGen Consortium[11] 等。为应对海洋可再生能源装置研发阶段面临的技术风险，设立了海洋可再生能源试验基金 (Marine Renewables Proving Fund, MRPF)，仅 2010 年，就为 6 家相关公司提供了 22 万英镑的资金支持；为应对海洋可再生能源装置在应用阶段的海上运行风险，设立了总额达 5000 万英镑的海洋可再生能源发展基金 (Marine Renewables Deployment Fund, MRDF)，推动了相关技术设备的发展 [12]。此外，投入资金建立试验场。英国拥有三个国家海洋试验场：EMEC，Wave Hub 和 FaB Test。EMEC 是当今世界领先的可并网的潮流能和波浪能试验场，而 Wave Hub 的发展特色则是列阵试验。此外，为有效地降低风险、成本，缩短时间，很多孵化试验点如 FaB Test 正逐步建立。随着海洋能技术的发展，更多的新型试验场正在建立中。

美国能源部风力与水电科技司 (Department of Energy's Wind and Water Power

Technologies Office)，为海洋可再生能源提供研发资金支持。为支持微小企业进行科技创新，美国能源部设立了小企业创新研究 (Small Business Innovation Research, SBIR) 计划和小企业技术转移 (Small Business Technology Transfer, STTR) 计划，其中包括海洋可再生能源技术研发。SBIR 和 STTR 是美国在技术发展的初级阶段进行融资的最大投资来源，很多技术研发项目就是从该计划中获得资助的。自 2008 年，SBIR 计划和 STTR 计划投资 150000 美元用于第一阶段技术开发。第二阶段的 SBIR 计划和 STTR 计划为每个 MHK 项目授予资金 100 万美元，支持这些项目继续开展分析、设计和商业化工作 [13]。在对全世界现有的海洋能试验场进行调查后，美国吸取了其他国家的经验，建立了数个国家海洋能中心，如 Northwest National Marine Renewable Energy Center (NNMREC)——Pacific Marine Energy Center South Energy Test Site (PMEC-SETS), Southeast National Marine Renewable Energy Center (SNMREC)，Hawaii National Marine Renewable Energy Center (HINMREC)——Wave Energy Test Site (WETS)。

3. 市场推动

在促进市场方面，各个国家制定了相应的经济政策。

英国采用基于配额模式的政策体系，在《可再生能源义务法令》中，明确将可再生能源义务作为英国政府可再生能源的主要激励机制。该法令从 2002 年开始实施，要求供电企业在所销售的能源中，必须有一定比例来自可再生能源，2006~2007 年此比例为 6.7%，供电企业每生产 1MW 的可再生能源，就获得一个可再生能源义务证书。2007 年，英国政府宣布修改《可再生能源义务法令》，将可再生能源配额提至 20%。2011 年，英国政府提出：对于波浪能和潮流能发电企业，每生产 1MW·h 的电力将给予 5 份可再生能源义务证书，该政策实施周期为 2013~2017 年。

美国议会于 2005 年通过了《能源政策法案》。该法案中明确了海洋可再生能源开发相关税收和贷款保障等激励政策，为海洋可再生能源发展提供了法律保障，极大地激励了企业对海洋可再生能源投资的信心。目前，美国实施的经济激励政策具体有可再生电力减免税、可再生能源生产激励、清洁可再生能源债券、合格节能债券、能源部贷款担保计划、财政部可再生能源补助、农业部农村能源计划补助、农业部农村能源计划贷款担保等。这些政策对促进美国海洋可再生能源技术和产业快速发展发挥了重要的作用。

1.4　我国海洋能现状

我国海洋能资源丰富，具有很好的开发利用前景。加快海洋能开发利用，促进海洋能技术进步和产业发展，对于增加清洁能源供应，减少化石能源消费，促进沿海及岛屿经济发展，维护国家海洋权益和能源安全具有重要意义。

我国海洋能的开发利用，除了潮汐能利用形成了较小的规模外，波浪能研究也已进入示范试验并取得了一定的成果；关于潮汐能的开发利用和关键技术研究，已经有多个部门正在进行，并取得了一定的突破。而其他形式的海洋能如海水盐差能、温差能等的研究与开发尚处在实验室原理试验阶段。

在 2010 年后，中国依次加入了国际能源署 (IEA) 和国际电工委员会 (IEC) 等国际组织的海洋能委员会，对世界各国的海洋能技术发展有了进一步的了解。然而，与欧美各国海洋能产业相比，我国还存在着一定的差距。

1.4.1 可再生能源政策回顾

中国致力于可再生能源的发展可追溯至 1982 年，中央政府“六五”计划提出“因地制宜、多能互补、综合利用、讲求实效”的农村能源建设方针。1994 年，国务院发布的《中国 21 世纪议程》确立了新能源和可再生能源在未来能源系统中的战略地位。1995 年颁布的《中华人民共和国电力法》提出，国家鼓励和支持利用可再生能源和清洁能源发电。1996 年，第八届全国人大四次会议审议通过的《国民经济和社会发展“九五”计划和 2010 年远景目标纲要》，确立了以电力为中心，以煤炭为基础，加强石油和天然气资源的勘探开发，积极发展可再能源改善能源消费结构的能源发展方针和政策；1998 年颁布的《中华人民共和国节约能源法》再次肯定了可再生能源对于节能减排、改善环境的重要战略作用和地位。随着市场经济的转型，我国出现了一个建设可再生能源的热潮，在这其中，特别是太阳能、风能等得到了飞速发展。

2005 年是中国可再生能源史上具有里程碑意义的一年，全国人大通过了《中华人民共和国可再生能源法》，明确规定国家将可再生能源的开发利用列为能源发展的优先领域，要求通过制定可再生能源开发利用总量目标和采取相应措施，推动可再生能源市场的建立和发展。海洋能被明确纳入可再生能源范畴。法案自 2006 年 1 月 1 日正式实施以来，对加快推动我国可再生能源开发利用起到了非常重要的作用。随着实施过程中一些问题的逐渐显露，《中华人民共和国可再生能源法 (修正案)》于 2009 年 12 月表决通过，对原有部分条款进行了修改及细化。

相关配套政策法规也陆续出台。例如，2012 年，《可再生能源电价附加补助资金管理暂行办法》针对风电、生物质发电、太阳能发电、地热能发电和海洋能发电等可再生能源，规范电价附加资金补助管理。其他还有《可再生能源产业发展指导目录》《可再生能源发电价格和费用分摊管理试行办法》《电网企业全额收购可再生能源电量监管办法》《可再生能源电价附加收入调配暂行办法》《可再生能源发展基金征收使用管理暂行办法》《可再生能源发展专项资金管理暂行办法》、《分布式发电管理暂行办法》和《关于调整可再生能源电价附加标准与环保电价有关事项的通知》等。

1.4.2　海洋能发展规划

2013 年 12 月，国家海洋局印发了《海洋可再生能源发展纲要 (2013~2016 年)》(以下简称《纲要》)。《纲要》提出，到 2016 年，我国将建成具有公共测试泊位的波浪能、具有示范电站和国家级海上试验场的潮流能，为我国海洋产业化发展奠定坚实的技术基础和支撑保障。

《纲要》明确了近期我国海洋能发展的五项重点任务：

(一) 突破关键技术

重点支持具有原始创新的潮汐能、波浪能、潮流能、温差能、盐差能利用的新技术、新方法以及综合开发利用技术研究与试验，攻克关键技术，为海洋能开发利用储备技术。

1. 潮汐能技术

突破潮汐能电站工程建设和新型发电机组研制等关键技术、关键工艺，解决电站建设过程中产生的环境问题，研究新型可适应低水头、大流量、复杂工况的潮汐能利用技术装置。

2. 波浪能技术

针对我国海域波浪周期短、能流密度低且台风易发的特点，开展适合我国波浪能资源特点，具有高系统转换效率、良好的可维护性和较低的维护成本，易于安装布放和回收的波浪能利用技术的研究。

3. 潮流能技术

针对我国海域潮流高流速时间短、平均流速较低的特点，开展适合我国潮流能资源特点，具有高系统转换效率、良好的可维护性和较低的维护成本，适应我国近海海域开发活动密集特点的潮流能利用技术的研究。

4. 温差能技术

支持开展温差能技术试验样机研究，突破关键技术、关键工艺，力争在提高能量转换效率、提高运行可靠性方面有所突破，为温差能开发利用奠定技术基础。

5. 盐差能技术

支持开展盐差能技术原理试验研究，通过提高盐差转化效率，降低过程能量损耗，突破盐差能利用关键技术，为盐差能综合开发利用化奠定技术基础。

(二) 提升装备水平

采取技术引进与自主研制相结合，形成一批具有自主知识产权的关键技术和核心装备。重点开展发电装置产品化设计及制造，优先支持较成熟的海洋能发电技术开展设计定型，推动我国海洋能发电技术向装备转化。

1. 潮汐能装备

通过提高技术水平，重点解决潮汐电站低成本建造、综合利用、提高效益和降低成本等问题。开展新型低水头、大流量、环境友好型潮汐能发电机组研制工作，为未来万千瓦级潮汐能示范电站建设提供装备支持。

2. 波浪能装备

提高百千瓦级新型波浪能发电装置转换效率，突破波浪装置海上生存能力技术。开展适合我国主要波浪能富集区资源状况的模块化波浪能液压转换与控制装置，以及适合我国波浪特点的发电机研制工作，形成一批适合我国波浪能资源特点的技术装备。同时，遴选技术较成熟的波浪能工程样机开展设计定型，通过优化各部分功能及技术指标，建造定型样机，固化技术状态，完成产品化设计与制造，为未来波浪能示范工程建设提供装备支持。

3. 潮流能装备

开展兆瓦级潮流发电机组研究工作，突破发电机组水下密封、低流速启动、模块设计与制造等关键技术。开展适合我国潮流能资源特点的水平轴高效转换叶片，高可靠齿轮箱，高可靠变桨调节装置，以及低速潮流发电机研制工作，形成一批适合我国潮流能资源特点的技术装备。同时，遴选技术较成熟的潮流能工程样机开展设计定型，通过优化各部分功能及技术指标，建造定型样机，固化技术状态，完成产品化设计与制造，为未来潮流能示范工程建设提供装备支持。

(三) 示范项目建设

1. 建设海洋能电力系统示范工程

紧紧围绕推进海洋能规模化应用，促进产业化发展的总体目标，在广东、浙江地区选择合适的海岛，优选前阶段示范工程执行较好和有实力的单位，集中资金发展规模化海洋能示范。采用分步实施的原则，逐步开展工程勘察与选化、工程总体设计、工程及配套设施建设等工作。到 2016 年，在广东万山、浙江舟山地区分别完成具有公共测试功能的百千瓦级波浪能、兆瓦级潮流能示范工程设施建设、安装调试、运行维护等工作，实现示范运行，培育海洋能产业向纵深发展。

2. 建设近岸万千瓦级潮汐能示范电站

优先支持八尺门、健跳、马銮湾、乳山口、温州瓯飞等站址的潮汐能开发，建设万千瓦级大型潮汐电站。重点开展库区综合利用、电站方案设计及优化、万千瓦级水轮发电机组设计与制造、潮汐能环境影响评价及预测、电站运行管理等关键技术研究以及潮汐电站建设的前期相关论证工作，推动我国大型潮汐能电站建设。到 2016 年，在浙江、福建等沿海地区，启动 1~2 个万千瓦级潮汐能电站建设。

(四) 健全产业服务体系

建立健全标准规范体系，制定海洋能资源勘查、评价、装备制造、检验评估、工程设计、施工、运行维护、接入电网等标准与规范，形成较为完备的海洋能技术标准规范体系。初步建立海洋能公共技术研究试验测试平台。依托专业技术机构，建设海上试验场和海洋动力环境模拟试验测试平台。开展海洋能资源信息收集、更新、发布等工作，建设海洋能开发利用信息服务平台，提高海洋能信息服务水平。

(五) 资源调查与选划

在前期海洋能资源调查基础上，重点开展南海海域海洋能资源调查及选划，摸清调查区域的海洋能资源储量及其时空分布状况，选划出海洋能优先开发利用区，为我国南海海洋能资源的开发利用规划提供依据。

第 2 章　海洋可再生能源现有技术

如第 1 章所述，人类的生存和繁衍需要源源不断地从周围环境中索取能源，可以说人类的发展与能源息息相关。面对日益严重的能源危机和环境污染，人类迫切地寻求清洁的可再生能源。海洋面积占地球总面积的 71%，蕴含了丰富的能源，具体包括潮汐能、潮流能 (海流能)、波浪能、温差能、盐差能等。如何将这些形式各异的能源转换为可供人类生产生活发展所需的能源？本章将重点介绍现有的各类海洋能技术。

2.1　潮汐能发电

潮汐是一种周期性海水自然涨落现象，是人类认识和利用最早的一种海洋能 [14]。目前成熟的潮汐能发电形式为水库式，即在海湾或海潮河口建筑堤坝、闸门和厂房，将海湾或河口与外海隔开围成水库，并安装机组进行发电。

潮汐能发电的实际应用开始于 1921 年德国胡苏姆兴建的一座小型潮汐电站。1961 年，朗斯电站正式开工建设，当年首台 10MW 可逆式灯泡贯流机组正式发电，1962 年 12 月，全部 24 台 10MW 机组同时启动，电站建成。1968 年，苏联在基斯洛湾建成一座试验性潮汐电站，采用了法国 Nerrpic 公司生产的 400kW 双向灯泡式机组。1979 年，加拿大开始在芬地湾的安纳波利斯建设潮汐电站，1984 年 8 月，该电站的一台 17.4MW 全贯流式机组投产发电。与此同时，许多国家对潮汐电站进行了大量的研究、论证工作。目前，潮汐能开发的趋势是偏向大型化，例如，俄罗斯计划的美晋潮汐电站设计能力为 1500×10^4kW，英国塞文电站为 720×10^4kW，加拿大芬地湾电站为 380×10^4kW。预计到 2030 年，世界潮汐电站的年发电总量将达 600×10^8kW·h。

我国利用潮汐能源发电大致经历了三个阶段。20 世纪 50 年代是我国开发利用潮汐能发电的第一个阶段。1956 年，我国第一座小型潮汐电站在福州市海边建成。1958 年，掀起潮汐办电的高潮。据 1958 年 10 月召开的“全国第一次潮汐发电会议”统计，全国兴建了 41 座潮汐电站，总装机容量 583kW。其中最大容量的电站为 144kW，最小的仅 5kW。这一时期建设的潮汐电站由于选址不当、施工粗糙、设备简陋、管理不善等，大部分相继被废弃。20 世纪 70 年代是我国开发利用潮汐能发电的第二个阶段。在这个阶段，人们总结、汲取了 20 世纪 50 年代潮汐办电的经验和教训，注重科学和施工质量，建成了一批较好的潮汐电站。1973 年 4 月还正式动工兴建了我国最大的潮汐电站——位于浙江温岭的江厦潮汐电站。1980 年至今是我国开发利用潮汐能发电的第三个阶段。在这个阶段，建成了江厦潮汐电站和幸福洋电站；对以前建设的潮汐电站及其设备进行了治理和改造；完成了对全国潮汐能源的重新普查；完成了一批大中型潮汐电站的论证规划和选址工作；开展了大型潮汐电站的设计研究和前期科研工作。

然而，水库式潮汐能发电方式存在诸多缺陷：建立发电厂时的建坝等工程需要巨大投资，泥沙冲淤问题难以解决，拦潮坝对水库区生态有影响，海岸遭侵蚀。针对水库式潮汐能发电技术的诸多缺陷，近年欧美国家兴起了无库式潮汐能发电技术。这一技术在欧美国家得到了大力支持。无水库式潮汐能发电技术为潮汐能的开发提供了新的手段，也代表了未来技术的发展趋势。

无库式潮汐能发电设备的发电原理突破了常规发电的概念，是借鉴风能发电原理，同时考虑海流和风的密度等条件的不同设计开发而成的。因而此类水轮机的结构形式与传统有库式机组的结构形式大不相同。此类水轮机更多地利用了潮汐能中水平流动部分的动能 —— 潮流能，因此也常称为潮流能装备。

2.2 潮流能发电

潮汐中水平流动部分的动能，被称为潮流能，其富集点多出现在群岛地区的海峡、水道及海湾的狭窄入口处，由于海岸形态和海底地形等因素的影响，流速较大，伴随的能量也巨大。潮流能的功率密度与流速的三次方和海水的密度成正比。海流又称洋流，是海水因热辐射、蒸发、降水、冷缩等而形成的密度不同的水圈，再加上风应力、地转偏向力、引潮力等作用而大规模相对稳定的流动。

与其他可再生能源相比，潮流能具有以下几个特点 [15,16]：①较强的规律性和可预测性；②功率密度大，能量稳定，易于电网的发、配电管理，是一种优质可再生能源；③潮流能的利用形式通常是开放式的，不会对海洋环境造成大的影响。但存在以下缺点：潮流能存在着一系列的关键技术问题，包括安装维护、电力输送、防腐、海洋环境中的载荷与安全性能等。潮流能发电原理虽和风力发电相似，但装置和风力发电装置的固定形式、透平设计有很大的不同。

一般说来，最大流速在 2m/s 以上的水道，其潮流能均有实际开发的价值。全世界潮流能的理论估算值为 500~1000GW 量级 [17]。中国海洋面积广阔，根据 1989 年完成的中国沿海农村海洋能资源区划对中国沿岸 130 个水道的统计数据，中国沿岸潮流资源理论平均功率约为 14.0GW[18]。这些资源在全国沿岸的分布，以浙江为最多，有 37 个水道，理论平均功率为 7.09GW，约占全国的一半以上，其次是台湾、福建、辽宁等省份的沿岸，约占全国总量的 42%，其他省区相对较少。根据沿海能源密度、理论蕴藏量和开发利用的环境条件等因素，舟山海域的各水道开发前景最好，如金塘水道 (25.9kW/m^2)、龟山水道 (23.9kW/m^2)、西侯门水道 (19.1kW/m^2)，其次是渤海海峡和福建的三都澳等，如老铁山水道 (17.4kW/m^2)、三都澳三都角 (15.1kW/m^2)。

新型潮流能发电装置与传统的水库式潮汐能发电机组相比，其工作原理完全不同。新型潮流能发电装置作为一种开放式的海洋能量捕获装置，不像传统水库式潮汐能电站那样需搭建大坝，也无须巨额的前期投资；利用该装置发电时，由于叶轮转速慢，各种海洋生物仍可以在叶轮附近流动，同时它不会产生大的噪声，对人的视线阻挡不明显，因此可以保持良好的地域生态环境。

潮流能发电装置根据其透平机械的轴线与水流方向的空间关系可分成水平轴式和垂直轴式两种结构，又分别可称为轴流式和错流式结构，如图 2-1。

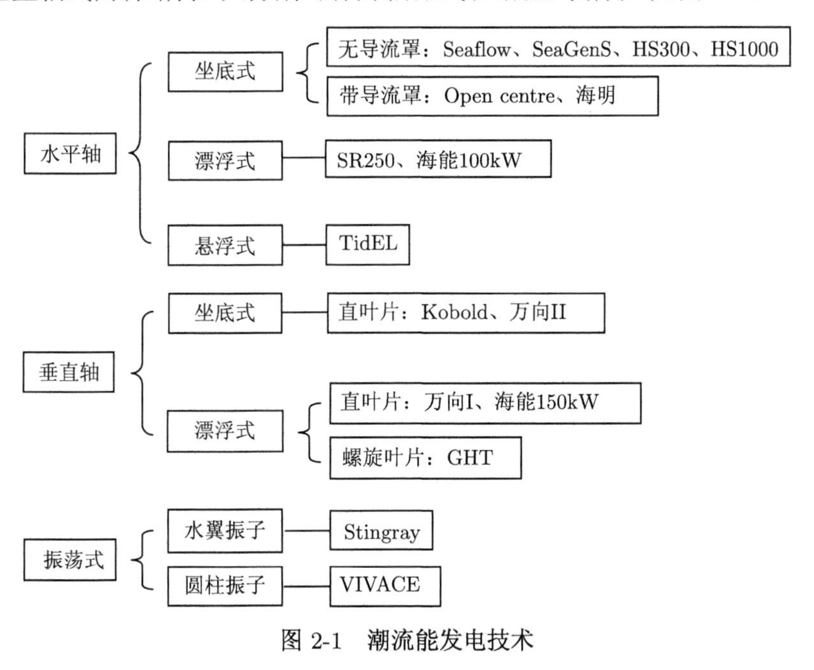

图 2-1 潮流能发电技术

2.2.1 垂直轴式

国外的研究起步较早，加拿大 Blue Energy 公司是国外较早开展垂直轴潮流能发电装置研究的单位。其中著名的 Davis 四叶片垂直轴水轮机就是以该公司的工程师来命名的 [19]。Davis 水轮机的四个固定水翼叶片连接到一个转子以驱动齿轮箱和发电机。涡轮安装在一个混凝土的海洋沉箱中，用锚固定在海底，引导水流通过涡轮和推动耦合器、齿轮箱和发电机。水翼叶片采用水动力提升的原则，使涡轮箔转移比例比周围的水的速度快。计算机优化错流设计，确保涡轮的旋转在退潮和涨潮时都是单向的 [20]。

到目前为止，该公司一共制造了 6 台试验样机并进行了相关的测试试验，最大功率等级达到 100kW。通过长期的试验研究发现，在样机中使用扩张管道装置可以将系统的工作效率提高至 45%左右 [21]。

经过发展，垂直轴式潮流能发电装置有两种基本类型，直叶片的 Darrieus 型 (如 Kobold 水轮机) 和螺旋状叶片的 Gorlov 型 (如 Gorlov 水轮机) 发电装置，进一步细化还可以分为叶片固定型和可倾斜变化型。

意大利阿基米德公司 Ponte di Archimede S.p.A. 和 Naples 大学航空工程系合作研发了一台 130kW 垂直轴水轮机模型样机，命名为 Kobold 水轮机，并于 2000 年在 Messina 海峡进行了海上试验。它采用了传动比为 160 的齿轮箱增速装置，并可以利用离心力进行叶片的节距调节，具有相对较大的启动力矩。Kobold 水轮机在 1.8m/s 的水流流速下发电功率为 20kW 左右，系统的整体工作效率较低，约为 23%[22]。

此外，美国 GCK Technology 公司对一种具有螺旋形叶片的垂直轴水轮机 (Gorlov helical turbine, GHT) 进行了研究 [23]。日本 Nihon 大学对垂直轴式 Darrieus 型水轮机进行了一系列的设计及性能试验研究 [24]。

国内最早开始垂直轴潮流能发电研究的是哈尔滨工程大学。1982 年，哈尔滨工程大学 (HEU) 开发了一台新型高效直叶片潮流驱动水轮机，1984 年，实验室测试为 60W，随后进行了千瓦级开发。2002 年 1 月，HEU 在浙江岱山龟山水道开发了中国首台漂浮系泊潮流能水轮机，70kW 样机系统 (万向 I)。装置由两个垂直轴转子、驱动系统、控制系统和漂浮平台构成。每个直径为 2.2m 的转子包含 4 个可调节的垂直叶片。2005 年，HEU 在岱山对港山水道安装了额定功率 40kW 的固定式潮流能发电站 “万向 II”。装置由两个 20kW 直叶片垂直转子、驱动系统和平台构成 [25]。平台包括涡轮发动机舱、沉箱和固定腿。2007~2009 年，在国家高技术研究发展计划 (863 计划) 和联合国工业发展组织 (UNIDO) 的支持下，HEU 和意大利阿基米德公司联合开发了一台 250kW 漂浮式垂直轴潮流发电装置，采用了船型平台和 Kobold 垂直轴涡轮机。2009 年，国家重大科学工程 (NKTRDP) 的一个项目，150kW 潮流发电技术研究示范立项，项目由 HEU 带头，山东电力工程咨询院、国家海洋技术中心、PE-NERC 和高亭船厂参与。此外，HEU 在垂直轴水轮机的水动力学方面也开展了大量的理论研究 [26]。

中国海洋大学 (OUC) 通过水槽模型实验和数值模拟对垂直轴柔性叶片及水轮机转子结构、参数和性能进行了优化配置 [27]，并于 2008 年在青岛市胶南斋堂岛水道进行了 5kW 样机的海上试验。据报道，样机在 1.7m/s 流速下发电功率为 3.2kW。

2.2.2 水平轴式

与垂直轴式结构相比，水平轴式潮流能发电装置具有效率高、自启动性能好的特点，若在系统中增加变桨或对流机构则可使机组适应双向的潮流环境，这种形式的发电装置兴起于最近 10 年，并取得了很大的进展。

位于英国的 MCT(Marine Current Turbines Ltd) 已经在潮流能发电领域有了超过 20 年的研发经验。由 MCT 公司研制的 1.2MW 潮流能水轮机 "SeaGen"，于 2008 年 12 月建成，现已并网发电，这是世界上第一个商业化电站。英国 MCT 公司的水平轴潮流能水轮机技术分三个阶段发展，第一阶段代号 "Seaflow"，由英国工贸部和欧盟资助 350 万英镑，在德文郡 (Devon) 的林茅斯 (Lynmouth) 研制了一座 300kW 的潮流能装置。2003 年 6 月，研究人员进行了实际海况实验，开始了长期工作。第二阶段代号 "SeaGen"，额定功率为 1.2MW，可供约 1000 户家庭用电。2009 年，MCT 进入第三阶段，实现规模化建造。"SeaGen" 水轮机额定功率为 1.2MW，转子直径为 16m，额定流速为 2.25m/s，最低工作流速为 0.7m/s，最高获能系数为 0.48，设计获能系数为 0.45，使用寿命为 20 年，桩柱高为 40.7m，直径为 3.025m，横梁长为 29m，传动比为 69.9∶1，转子额定转速为 14.3r/min。采用桩柱固定，整个装置由两个水轮机组成，固定在横梁上，横梁可在桩柱上升降以方便安装维修，水轮机转子叶片可调节倾角，以适应双向来流。

2002 年，美国绿色能源 (Verdant Power) 公司启动了 RITE (Roosevelt Island Tidal Energy) 工程，工程在纽约东河中进行。项目为固定倾角三叶片水平轴水轮机，座底式固定，直径为 5m，额定功率为 35.9kW，额定流速为 2.2m/s，最低工作流速为 0.7m/s。该项目分三个阶段：2002~2006 年为模型测试阶段；2006~2008 年为示范验证阶段；2009~2012 年，在东河中安装 30 台水下潮流发电机组，向电网输送 10MW 电力 [28]。

在国内，最早的水平轴式潮流能发电的探索性试验始于 20 世纪 70 年代，由何世钧工程师带领的研究组在浙江省舟山市西候门水道 (流速 3m/s) 对一台装有船用螺旋桨叶片及液压传动装置的潮流能发电样机进行了测试，试验共进行了 21 次，最大输出功率为 5.7kW[29]。

HEU 研发了水平轴式潮流能发电装置 ——"海明 Ⅰ"10kW。装置采用坐底式定桨距水平轴水轮机直驱发电方案，三腿底座支撑一个框架和水轮发电机组，框架可起吊维护。开发了高效扩张型导流罩和自适应换向机极，导流/无导流 2 叶片叶轮直径分别为 2m 和 2.5m，自适应 180° 换向尾翼使叶轮自动迎双向潮流运行，避免电缆缠绕。整体结构为 9.0m×7.5m×6.5m，重达 20t。2011 年 9 月底，投放于岱山县小门头水道运行至今，发出的电力与岸上 1kW 风电互补集成，为 "海上生明月" 灯塔照明供热。期间，先后吊装进行有、无导流罩的运行测试。在 2.0m/s 与

2.3m/s 流速下，导流/非导流型发电功率为 10kW，系统效率为 78.0%(导流型) 和 34.5%(非导流型)。

“海能 II”2×100kW 装置采用漂浮式 2 叶片水平轴变桨叶轮直驱发电机方案，是 HEU 为中国海洋石油集团有限公司 (CNOOC) 研制的。由 4 套锚系固定的 “中” 字型载体搭载两台 100kW 机组，可升降维护；叶轮直径为 12m，额定流速为 1.7m/s，两台永磁低速发电机独立运行。2013 年 11 月，安装于青岛市斋堂岛海域，产生的电力通过 1km 海缆上岸接入中央控制室 500kW 多能互补独立电力系统。

2.2.3 涡激振动式

从流体的角度来分析，任何非流线型物体，在一定的恒定流速下，都会在物体两侧交替地产生脱离结构物表面的旋涡。对于海洋工程上普遍采用的圆柱形断面结构物，这种交替发放的泄涡又会在柱体上生成顺流向及横流向周期性变化的脉动压力。如果此时柱体是弹性支撑的，或者柔性管体允许发生弹性变形，那么脉动流体力将引发柱体 (管体) 的周期性振动，这种规律性的柱状体振动反过来又会改变其尾流的泄涡发放形态。这种流体和结构物相互作用的问题被称作 “涡激振动”(vortex induced vibration, VIV)。

数十年来，学者和工程师一直认为涡激振动是一种有害现象，当流体流过结构物在其后形成流场的泄涡频率与结构物的固有频率相近时引起共振，当振幅大到一定程度时则会引起结构物的损坏，因此对涡激振动研究的重点和目的在于如何减小涡激振动对于海洋立管、桥梁等结构物的负面影响，避免由此引起的疲劳破坏。然而，研究发现，在流速不高的情况下，可以产生很大的振幅，流体的动能大部分被振动体吸收，形成稳定的周期性振荡运动。涡激振动发电正是基于这种现象。

美国密歇根大学 (UMich) 最先将这一现象应用到潮流能转换装置中 [30]，提出了一种 Vortex Induced Vibrations Aquatic Clean Energy (VIVACE) 装置 [31]。它是一种基于涡激振动原理的潮流能转换装置，能将潮流水平流动的动能转化为其运动部件的横向振动，然后通过机械传动带动发电机发电。根据实验结果，该装置甚至可以在低于 2 节的流速下发出电能，这意味着在全世界大多数有潮流的水道中都可以工作。

2.3 波浪能发电

波浪能是指海洋表面波浪所具有的动能和势能，是一种在风的作用下产生的，并以位能和动能的形式由短周期波储存的机械能。波浪能总量巨大，世界海洋中的波浪能占全部海洋能量的 94%，据世界能源委员会的调查显示，全球波浪能的储量约为 25 亿千瓦，我国沿海的波浪能储量约为 70 万千瓦 [32]。然而波浪能也是海洋能源中最不稳定的一种能源。图 2-2 为波浪能发电技术。

目前研究的波浪能利用技术大都源于以下几种基本原理：利用物体在波浪作用下的升沉和摇摆运动将波浪能转换为机械能、利用波浪的爬升将波浪能转换成水的势能等。绝大多数波浪能转换系统由三级能量转换机构组成。其中，一级能量转换机构 (波浪能俘获装置) 将波浪能转换成某个载体的机械能；二级能量转换机构将一级能量转换所得到的能量转换成旋转机械 (如水力透平、空气透平、液压电动机、齿轮增速机构等) 的机械能；三级能量转换机构通过发电机将旋转机械的机械能转换成电能。有些采用某种特殊发电机的波浪能转换系统，可以实现波浪能俘获装置对发电机的直接驱动，这些系统没有二级能源转换环节。

根据一级能源转换系统的转换原理，可以将目前世界上的波浪能利用技术大致划分为：振荡水柱 (OWC)、振荡体 (oscillating bodies)、越波式 (overtopping) 等。

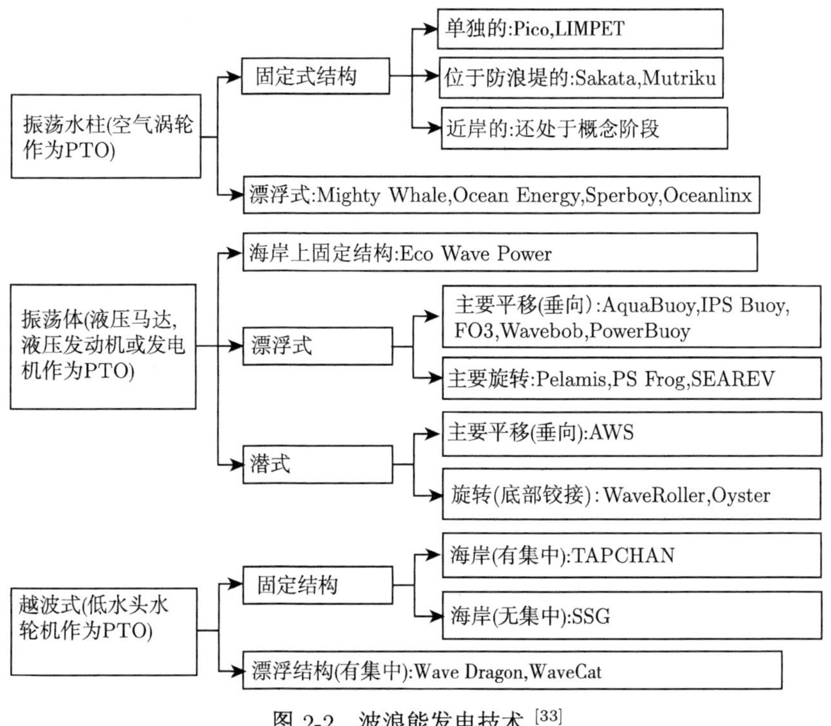

图 2-2 波浪能发电技术 [33]

2.3.1 振荡水柱技术

振荡水柱波浪能装置利用空气作为转换的介质。该系统的一级能量转换机构为气室，其下部开口在水下，与海水连通，上部也开口 (喷嘴)，与大气连通；在波浪力的作用下，气室下部的水柱在气室内作上下振荡，压缩气室的空气往复通过喷嘴，将波浪能转换成空气的压能和动能。该系统的二级能量转换机构为空气透平，安装在气室的喷嘴上，空气的压能和动能可驱动空气透平转动，再通过转轴驱动发电机发电。振荡水柱波浪能装置的优点是转动机构不与海水接触，防腐性能好，安全可靠，维护方便；其缺点是二级能量转换效率较低。

欧洲 Pico Pilot Plant 水电站是较早的固定式振荡水柱波浪能装置的代表，所属公司为 Wave Energy Centre。底部安装海岸线的振荡水柱结构，配备水平轴威尔斯透平发电机组和导流叶片定子安装在转子的每一方。控制项通过有计划地控制安全阀门缓慢开合来替代波室的快速反应机制。尺寸：长 20m，宽 14m，高 22m，干舷 15m，吃水 7m，额定功率 400kW。

2011 年 7 月，世界首例商业化波浪能电站在西班牙运转，电站位于 Mutriku 港口的 Basque 海岸。电站能提供 300kW 电力，支持 250 户人家的日常消耗。电站由 Basque Energy agency ente vasco de la energia (EVE) 管理运作 [34]。

2005 年，Oceanlinx 最初原型为 MK1，安装于澳大利亚，距悉尼以南 100km 的 Kembla 港。其后，在 MK1 的设计基础上推出了 greenWAVE 波浪能装置。greenWAVE 波浪能装置是一个适用于浅水的简单振荡水柱设计，由简单的扁平型预制钢筋混凝土构成，在海床没有任何预处理的情况下，依靠自身重力坐落在 10~15m 水深的海床上。其水下没有移动部件，装置顶部布置 airWAVE 涡轮机和电力控制系统。

2007 年，第二代 MK2 推出，其安装于澳大利亚 New South Wales 的 Kembla 港口，是 Oceanlinx 首次尝试漂浮式振荡水柱装置。其后，在 MK2 的设计基础上推出了 ogWAVE 波浪能装置。ogWAVE 波浪能装置是一个适用于深水的简单振荡水柱设计，ogWAVE 波浪能装置单元可以连接到油气平台，也可以安装在更远的海域。在其水下没有移动部件，装置顶部布置 airWAVE 涡轮机和电力控制系统。

2010 年 3 月，Oceanlinx 安装了第三代 MK3(试商用)，位于澳大利亚 New South Wales 的 Kembla 港口，设备单位为由 8 个漂浮式振荡水柱构成的装置群。其后，在 MK3 的设计基础上推出了 blueWAVE 波浪能装置，blueWAVE 装置是一个由 6 个适用于深水的振荡水柱构成的钢架结构，能固定漂浮 40~80m 的海域。安装时分别将各个 blueWAVE 装置漂浮至任务地，根据当地的海底情况固定每个装置后进行连接 [35]。

此外，近年来建成的振荡水柱波浪能装置还有：英国的 LIMPET (land installed marine powered energy transformer)[37](固定式 500kW)、葡萄牙的 400kW 固定式电站 [38]、中国的 100kW 固定式电站 [36]、澳大利亚的 500 kW 漂浮式装置 [39]。

2.3.2 振荡体技术

振荡体技术装置通常是漂浮式或者潜水式，用于开发深度大于 40m 的水域波浪能。通常，振荡体技术装置比振荡水柱技术装置更为复杂，特别是 PTO 系统。事实上，将振荡运动转换为电能的各类不同方式概念产生了不同的 PTO 系统，例如，带有线性液压致动器的液压发电机、活塞泵等。由于大部分的振荡体技术装置均为漂浮装置，它们的尺寸灵活、用途广泛。最为关键的技术还是在于保证 PTO 系统性能且能避免与系泊系统相干扰的问题。

浮子发电是 Ocean Power Technologies Inc 公司开发的波浪能发电装置，安装输出功率范围分为两类：上限 350W 和上限 15kW，分别为 APB-350 和 PB40。

OPT's APB-350 能够漂浮停泊在 20~1000m 的任何海洋深度中。APB-350 能不断提供能量，同时实时将数据和通信信号传输到遥远的岸上设施。通过一个直驱动发电机，不断给电池组 (能量储备系统) 充电。电能从电池中输出以满足各种设备和终端需求，这样可满足不同功率的要求。APB-350 的设计维修周期为 3 年，其控制和管理系统包括自我监测数据收集、处理和传输，便于及时积极支持维修策略。

PB40 被设计为能够独立供电也能够并入电网的波浪能转换设备，其额定最大输出功率为 40kW，持续功率为 9~15kW。

苏格兰 Ocean Power Delivery 公司的 Pelamis(海蛇) 波浪能装置 [40] 不仅允许浮体纵摇，也允许艏摇，因而减小了斜浪对浮体及铰接结构的载荷。装置的能量采集系统为端部相铰接、直径为 3.5m 的浮筒，利用相邻浮筒的角位移驱动活塞，将波浪能转换成液压能。装置由 3 个模块组成，每个模块的装机容量为 250kW，总装机容量为 750kW，总长为 150m，放置在水深为 50~60m 的海面上。

Aquamarine Power 公司开发的牡蛎式发电装置是一个近岸的波浪能装置。主要结构包括一个浮体和底部连接的摆。当波浪涌向海岸时，由于波浪深度和海床阻力的原因，导致波浪离子的椭球运动。牡蛎式发电装置利用这种运动，通过浮力铰接摆随波浪的前后运动收集能量。

2.3.3 越波式技术

越波式装置由漂浮或固定式水库结构、收缩波道组成。该装置中喇叭形的收缩波道为一级能量转换装置。波道与海连通的一面开口宽，然后逐渐收缩至高位水库。波浪在逐渐变窄的波道中，波高不断被放大，直至波峰溢过收缩波道边墙，进入高位水库，将波浪能转换成势能 (一级转换)。高位水库与外海间的水头落差可达 3~8m，利用水轮发电机组可以发电 (二级、三级转换)。其优点是一级转换没有活动部件，可靠性好，维护费用低，在大浪时系统出力稳定；不足之处是小浪下的系统转换效率低。目前建成的收缩波道电站有挪威 350kW 的固定式收缩波道装

置 [41] 以及丹麦的 Wave Dragon[42]。

Wave Dragon 利用波浪能产生电能的大规模技术，由 Erik Friis-Madsen 发明，受到欧盟 (European Union)、威尔士工商发展局 (Welsh Development Agency)、丹麦能源署 (Danish Energy Authority) 和丹麦 Utilities PSO 项目的资助。2003 年，在丹麦 Nissum Bredning 进行了 1∶4.5 的模型试验，成为世界上首台并入电网的装置。在这次试验中，装置持续供电 20000 小时。2009 年，由于财务危机，全尺寸的试验被拖延。2010 年年末，Wave Dragon 的建设布置被批准获得许可，开始在威尔士 (Wales) 的 Pembrokeshire 进行建设布置，电量达 7MW，测试进行 3~5 年，并入电网，以增长运行管理经验和电力传输知识。2011 年 3 月，Wave Dragon 开始开发 1.5MW North Sea Demonstrator，设计工作基于之前的经验，计划布置 1.5MW 示范装置在丹麦 Hanstholm 海域的 DanWEC 测试中心 [42]。

Wave Dragon 的优点在于可以根据波况调节高位水库的高度, 其水轮机的启动压力为 0.2m 水头，故对波况的适应性很强。装置已在丹麦北部 Nissum Bredning 的海湾进行了近两年的实海况并网发电试验，近来正计划在中国推广其技术。

2.3.4 其他技术

波浪能装置大部分可以分为以上 3 类，除此之外，还有少数的其他技术，膜装置是其中的一种。膜装置包括一个膜结构和一个能量转换系统，可能为涡轮、压电或其他系统。该装置利用波在传播过程中的动态压力变化，转换波浪能量。

Energy Island Ltd 所开发的 Lilypad 波浪能装换装置 (WEC)[124] 就是利用这种原理，装置由一个可随海水运动自由浮沉的膜装置通过结点连接一个半潜的更重的带阀膜组成。随着波浪的移动，最高点引起上端的膜拉动结点，较低的膜被设计为阻碍向上的力。一个可扩展的软管泵可用于创建液压压力，可以激活一个水斗式发电机组。

软管泵的延伸是非常有限的，坚韧的弹性结点元件也被用来充分延伸，以允许上端膜的上升和下降。这些元素可以被设计成以一个恒定的力来抵抗延伸，它可以被转移到一个安装在球体表面封装的旋转系统中，以产生电力。

由于其几何形状，Lilypad WEC 不仅可以作为一个能源生产装置，还可以发挥防波堤的作用。它将减少波浪的力和高度，并可以用来保护海洋设施或海洋干预活动。它可以用来形成临时港口，也可以形成一个防止泄漏石油扩散的结构，比防油栅更有效。总之，它可以被拖到任何需要的位置。

2.4 温差能发电

温差能发电的基本原理是利用海洋表面的温海水 (26~28°C) 加热某些低沸点

工质并使之汽化，或通过降压使海水汽化以驱动汽轮机发电。同时利用从海底提取的冷海水 (4~6°C) 将做功后的乏气冷凝，使之重新变为液体。按照工质及流程的不同可分为开式循环、闭式循环和混合式循环 3 种循环方式，这 3 种循环方式各有优缺点。

2.4.1 开式循环

开式循环采用表层温海水作为工质，其工作框图如图 2-3 所示。当温海水进入真空室后, 低压使之发生闪蒸，产生约 2.4kPa 绝对压力的蒸汽。该蒸汽膨胀，驱动低压汽轮机转动，产生动力。该动力驱动发电机产生电力。做功后的蒸汽经冷海水降温而冷凝，减小了汽轮机背后的压力 (这是保证汽轮机工作的条件)，同时生成淡水。

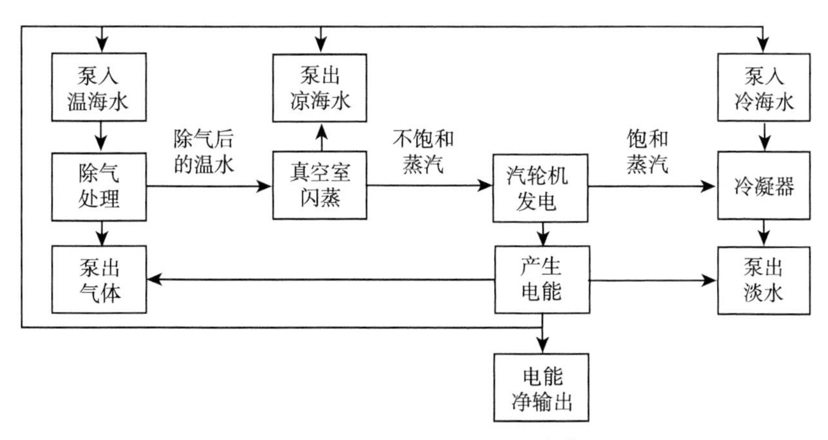

图 2-3 开式循环工作框图 [43]

开式循环过程中要消耗大量的能量: 在温海水进入真空室前，需要开动真空泵将温海水中的气体除去，造成真空室真空；在淡水生成之后，需要用泵将淡水排出系统 (注意开式循环系统内的绝对压力小于 2.4kPa，而系统外的绝对压力不小于 98kPa，因此排出 $1m^3$ 淡水需要的能量大于 95.6kJ)；冷却的冷海水需要从深海抽取。这些都需要从系统产生的动力中扣除。当系统存在效率不高、损耗过大、密封性不好等问题时，就会造成产能下降或耗能增加，系统扣除耗能之后产生的净能量就会下降，甚至为负值。因此，降低流动中的损耗，提高密封性，提高每个泵的工作效率，提高换热器的效率，就成为系统成败的关键。

开式循环的优点在于产生电力的同时还产生淡水；缺点是用海水作为工质，沸点高，汽轮机工作压力低，导致汽轮机尺寸大 (直径约 5m)，机械能损耗大，单位功率的材料占用大，施工困难等。

目前，全球净输出最大的开式循环温差能发电系统是 1993 年 5 月在美国夏威夷研建的系统，净输出功率达 50kW[45]，打破了日本在 1982 年建造的 40kW 净输出功率的开式循环温差能发电记录 [46]。

2.4.2 闭式循环

在闭式循环中，温海水通过热交换器 (蒸发器) 加热氨等低沸点工质，使之蒸发。工质蒸发产生的不饱和蒸汽膨胀，驱动汽轮机，产生动力。该动力驱动发电机产生电力。做功后的蒸汽进入另一个热交换器，由冷海水降温而冷凝，减小了汽轮机背后的压力 (这是保证汽轮机工作的条件)。冷凝后的工质被泵送至蒸发器开始下一循环。系统工作框图如图 2-4 所示。

闭式循环的优点在于工质的沸点低，故在温海水的温度下可以在较高的压力下蒸发，又可以在比较低的压力下冷凝，提高了汽轮机的压差，减小了汽轮机的尺寸，降低了机械损耗，提高了系统转换效率；缺点是不能在发电的同时获得淡水。从耗能来说，闭式系统与开式系统相比，在冷海水和温海水流动上所需的能耗是一致的，不一致的是工质流动的能耗以及汽轮机的机械能耗，闭式系统在这两部分的能耗低于开式系统。

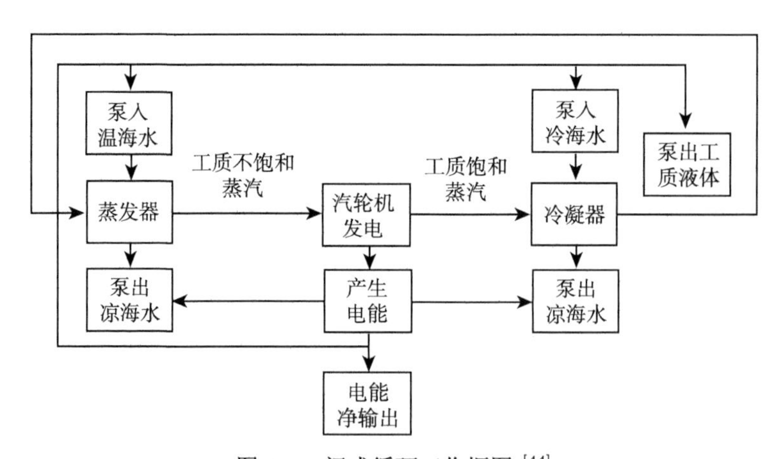

图 2-4 闭式循环工作框图 [44]

国家海洋局第一海洋研究所在“十一五”期间重点开展了闭式海洋温差能利用的研究，完成了海洋温差能闭式循环的理论研究工作，并完成了 250W 小型温差能发电利用装置的方案设计，2008 年，承担了“十一五”科技支撑计划“15kW 海洋温差能关键技术与设备的研制”课题。

2.4.3 混合式循环

混合式循环系统中同时含有开式循环和闭式循环。其中，开式循环系统在温海水闪蒸产生不饱和水蒸气，该水蒸气穿过一个换热器后冷凝，生成淡水，如图 2-5

所示。

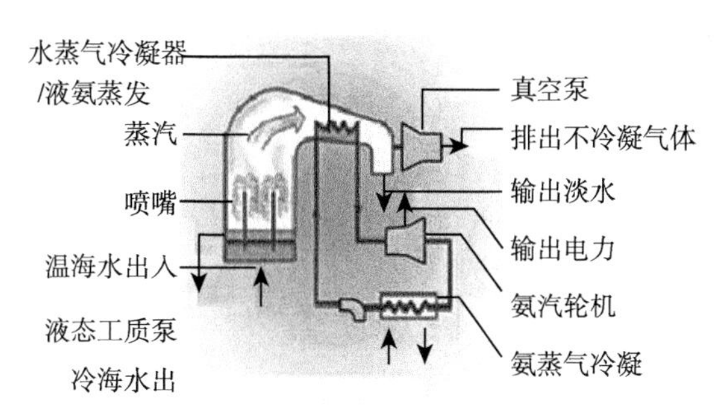

图 2-5 混合式循环系统 [45]

该换热器的另一侧是闭式循环系统的液态工质，该工质在水蒸气冷凝释放出来的潜热加热下发生汽化，产生不饱和蒸汽，驱动汽轮机，产生动力。该动力驱动发电机产生电力。做功后的该蒸汽进入另一个热交换器，由冷海水降温而冷凝，减小了汽轮机背后的压力。冷凝后的工质被泵送至蒸发器开始下一循环。

混合式循环系统综合了开式循环和闭式循环的优点。保留了开式循环获取淡水的优点，让水蒸气通过换热器而不是大尺度的汽轮机，避免了大尺度汽轮机的机械损耗和高昂造价；采用闭式循环获取动力，效率高，机械损耗小。

2004~2005 年，天津大学完成了对混合式海洋温差能利用系统的理论研究课题，并就小型化试验用 200W 氨饱和蒸汽透平进行了研究开发 [49]。

温差能的主要优点是海水不用脱气，免除了这一部分动力需求。但蒸发器与冷凝器之间的金属消耗量大，且要注意管道等的压力损耗。从实验室到商业化仍有许多难题亟待解决，其中主要是技术问题。

2.5 盐差能发电

盐差能是指海水和淡水之间或两种含盐浓度不同的海水之间的化学电位差能，是以化学能形态出现的海洋能。主要存在于江河入海处。同时，淡水丰富地区的盐湖和地下盐矿也可以利用盐差能。盐差能是海洋能中能量密度最大的一种可再生能源。

目前，提取盐差能主要有渗透压能法、反电渗析法、蒸汽压能法三种方法。渗透压能法 (pressure retarded osmosis, PRO) 是以淡水与盐水之间的渗透压力差为动力，推动水轮机发电；反电渗析法 (reverse electro dialysis, RED) 是采用阴阳离子渗透膜将浓、淡盐水隔开，利用阴阳离子的定向渗透在整个溶液中产生的电流发电。蒸汽压能法 (vapour pressure differences, VPD) 则是利用淡水与盐水之间的蒸汽压产生动力，推动风扇发电。蒸汽压能法和反电渗析法有很好的发展前景，目前面临的主要问题是设备投资成本高，装置能效低。蒸汽压能法装置太过庞大、昂贵，这种方法目前还停留在研究阶段。

相比于反电渗析法和渗透压能法这两种盐差能发电技术，蒸汽压能法发电技术最大的优点是工作过程中不需要使用渗透膜。因此这种发电技术不存在诸如膜组件性能退化、发电装置价格昂贵以及水的预处理等问题。但是，蒸汽压能法发电装置庞大、费用昂贵，而且反应过程中需要消耗大量的淡水，这些都成为此技术发展的瓶颈。

国外，在盐差能发电领域处于领先地位的是挪威的 Statkraft 公司，该公司正在进行盐差能发电样机示范工程的研究。2008 年，Statkraft 公司在挪威的 Buskerud 建成了世界上第一座盐差能发电站。

国内，1985 年西安建筑科技大学首先利用半渗透膜研制成了一套盐差能发电装置，这种装置适用于干涸盐湖的工作环境。实验中，半渗透膜的有效面积为 $14\mathrm{m}^2$，淡水向浓盐水进行渗透后，浓盐水液面升高了 10m，最终发电功率为 0.9~1.2W[46]。

2013 年，中国海洋大学启动了 “盐差能发电技术研究与试验” 项目。采用蒸汽压能法进行发电，原理样机装机功率将不低于 100W，系统效率不低于 3%。

第 3 章　基本力学理论回顾

在海洋可再生能源技术领域，科学预报海洋能装置的能量转换性能十分必要。这些装置在海洋中的力学行为直接关系到它们的能量转换效率与结构可靠性。因此，这一领域的研究均基于力学的概念和法则来解决实际工程应用中存在的各种问题，为各种海洋能装置的设计建造提供必需的理论依据和分析计算方法。

海洋能力学的主要内容为：海洋流体力学、海洋结构力学、岩土力学、海洋工程材料力学等内容，而海洋流体力学和结构力学在海洋能装置的性能分析中显得尤为重要。本章将着重介绍常见海洋能转换装置的流体力学和结构力学分析方法，为读者从事该方面的研究提供参考。

本章所述力学相关内容与后续第 4、5 章节所述内容会有所重复，本章节仅是对其进行简单叙述，将在后续章节进行详细论述。

3.1　连续性方程

连续性方程是质量守恒定律在流体力学中的表现形式 [47]。在这一节，我们将质量守恒定律应用到流体微元中，并进一步推导得到流体的连续性方程。

首先我们讨论流体内的一个流动模型：形状任意、大小有限的控制体 [48]。该控制体的边界为控制面，面积为 S，体积为 V，如图 3-1 所示。设表面任一点的流动速度为 $\boldsymbol{V}$，表面微元的面积为 $\mathrm{d}S$，体积为 $\mathrm{d}V$。用 $\boldsymbol{n}$ 表示微元面积 $\mathrm{d}S$ 的外法线单位矢量，则在单位时间内经过边界流出曲面 S 内的流体净质量可用积分表示为

$$\iint\limits_S (\rho \boldsymbol{V}) \cdot \boldsymbol{n} \mathrm{d}S$$

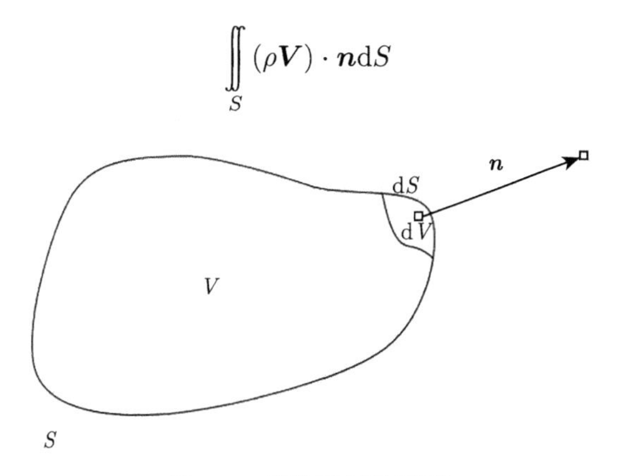

图 3-1　流体控制体模型

由曲面 S 所包围的体积 V 内的流体质量为

$$\iiint_V \rho \mathrm{d}V$$

根据质量守恒定律，单位时间内通过控制面 S 流入控制体的净质量流量应等于控制体内质量的变化率，

$$\frac{\partial}{\partial t}\iiint_V \rho \mathrm{d}V = -\iint_S (\rho \boldsymbol{V}) \cdot \boldsymbol{n} \mathrm{d}S \tag{3-1}$$

其右端项的负号是考虑到左端大于 0 时，须有流入量 (负值) 大于流出量 (正值) 而加上的，将上式移向得

$$\frac{\partial}{\partial t}\iiint_V \rho \mathrm{d}V + \iint_S (\rho \boldsymbol{V}) \cdot \boldsymbol{n} \mathrm{d}S = 0 \tag{3-2}$$

这就是连续性方程的积分形式，它的物理意义是：单位时间内控制体内流体质量的增减等于同一时间内进出控制面的流体净通量。

对于式 (3-2) 的左端第二项采用 Gauss 定理，将其面积分转换为体积分：

$$\iint_S (\rho \boldsymbol{V}) \cdot \boldsymbol{n} \mathrm{d}S = \iiint_V \left[\frac{\partial(\rho u)}{\partial x} + \frac{\partial(\rho v)}{\partial y} + \frac{\partial(\rho w)}{\partial z}\right] = \iiint_V \mathrm{div}\,(\rho \boldsymbol{V}) \mathrm{d}V \tag{3-3}$$

将式 (3-2) 左端第一项的微分符号移入积分号内得

$$\frac{\partial}{\partial t}\iiint_V \rho \mathrm{d}V = \iiint_V \frac{\partial \rho}{\partial t} \mathrm{d}V \tag{3-4}$$

将式 (3-3) 和式 (3-4) 代入式 (3-2)，可以得到

$$\iiint_V \left[\frac{\partial \rho}{\partial t} + \mathrm{div}(\rho \boldsymbol{V})\right] \mathrm{d}V = 0 \tag{3-5}$$

由于所取的控制体是任意的，所以必有

$$\frac{\partial \rho}{\partial t} + \mathrm{div}(\rho \boldsymbol{V}) = 0 \tag{3-6}$$

或

$$\frac{\partial \rho}{\partial t} + \frac{\partial(\rho u)}{\partial x} + \frac{\partial(\rho v)}{\partial y} + \frac{\partial(\rho w)}{\partial z} = 0 \tag{3-7}$$

式 (3-6) 和式 (3-7) 就是连续性方程的微分形式。由于 $\mathrm{div}\,(\rho \boldsymbol{V}) = \nabla \cdot (\rho \boldsymbol{V}) = \rho \nabla \cdot \boldsymbol{V} + \boldsymbol{V} \cdot \nabla \rho$，所以，式 (3-6) 可以改写成

$$\frac{\partial \rho}{\partial t} + (\boldsymbol{V} \cdot \nabla)\rho + \rho \nabla \cdot \boldsymbol{V} = 0 \tag{3-8}$$

或

$$\frac{\mathrm{D}\rho}{\mathrm{D}t} + \rho \nabla \cdot \boldsymbol{V} = 0 \tag{3-9}$$

对于不可压缩流体，有

$$\frac{\mathrm{D}\rho}{\mathrm{D}t} = 0$$

所以连续性方程为

$$\nabla \cdot \boldsymbol{V} = 0 \tag{3-10}$$

或

$$\frac{\partial u}{\partial x} + \frac{\partial v}{\partial y} + \frac{\partial w}{\partial z} = 0 \tag{3-11}$$

对于平面流动 (二维流动)，可压缩非定常情况下的连续性方程为

$$\frac{\partial \rho}{\partial t} + \frac{\partial\,(\rho u)}{\partial x} + \frac{\partial\,(\rho v)}{\partial y} = 0 \tag{3-12}$$

定常情况为

$$\frac{\partial\,(\rho u)}{\partial x} + \frac{\partial\,(\rho v)}{\partial y} = 0 \tag{3-13}$$

对于不可压缩流体，定常和非定常两种情况均为

$$\frac{\partial u}{\partial x} + \frac{\partial v}{\partial y} = 0 \tag{3-14}$$

有了连续性方程后，就可以讨论速度势 $\varphi(x, y, z, t)$ 的一个重要性质。设无旋流动的速度势为 $\varphi(x, y, z, t)$，则

$$\left.\begin{aligned} u &= \frac{\partial \varphi}{\partial x} \\ v &= \frac{\partial \varphi}{\partial y} \\ w &= \frac{\partial \varphi}{\partial z} \end{aligned}\right\}$$

代入不可压缩流体的连续性方程，则得

$$\frac{\partial^2 \varphi}{\partial x^2} + \frac{\partial^2 \varphi}{\partial y^2} + \frac{\partial^2 \varphi}{\partial z^2} = \nabla^2 \varphi = 0 \tag{3-15}$$

对于二维流动，则有

$$\frac{\partial^2\varphi}{\partial x^2}+\frac{\partial^2\varphi}{\partial y^2}=\nabla^2\varphi=0 \tag{3-16}$$

这就说明，在不可压缩流体的无旋流动 (定常和非定常) 中，速度势 $\varphi(x,y,z,t)$ 满足 Laplace 方程，即速度势是一个调和函数。因此，求解不可压缩流体无旋运动的速度场问题，就转变成寻找一个能满足边界条件的 Laplace 方程解的问题。Laplace 方程为线性方程，已有众多学者深入研究，该问题将在 3.2 节继续讨论。

3.2 势流理论

理想流体的无旋运动称为势流。实际的流体都具有黏性，其运动也是有旋的，但这一事实丝毫没有影响势流理论在流体中所占的重要地位。研究表明，就物体的外部绕流而言，黏性对于流体的影响只局限于物面附近，在离物体表面稍远的地方，由势流理论计算得到的结果与实际测量所得的结果相差不大。此外，势流理论还可用于计算升力和附加质量等，本节主要讨论势流理论中的控制方程、定解条件和求解方法。

3.2.1 理想流体的无旋运动

在流体力学中，速度矢量的旋度称为涡量，以 $\boldsymbol{\Omega}$ 表示，即

$$\boldsymbol{\Omega}=\nabla\times\boldsymbol{V}=\mathrm{rot}\boldsymbol{V} \tag{3-17}$$

它的三个分量为

$$\left.\begin{aligned}\Omega_x&=\frac{\partial w}{\partial y}-\frac{\partial v}{\partial z}\\ \Omega_y&=\frac{\partial u}{\partial z}-\frac{\partial w}{\partial x}\\ \Omega_z&=\frac{\partial v}{\partial x}-\frac{\partial u}{\partial y}\end{aligned}\right\} \tag{3-18}$$

涡量的空间分布称为涡量场。若流体中某一区域内处处有 $\Omega=0$，则称流体在这样区域内的运动是无旋的。若 $\Omega\neq 0$，则该区域内的运动就是有旋的。

对于三维无旋运动，自然有 $\Omega_x=\Omega_y=\Omega_z=0$，即

$$\left.\begin{aligned}\frac{\partial w}{\partial y}&=\frac{\partial v}{\partial z}\\ \frac{\partial u}{\partial z}&=\frac{\partial w}{\partial x}\\ \frac{\partial v}{\partial x}&=\frac{\partial u}{\partial y}\end{aligned}\right\} \tag{3-19}$$

式 (3-19) 刚好就是速度场成为有势场的充要条件。因此，当流体作无旋运动时，就必定存在一个标量函数 $\varphi(x,y,z,t)$ 使得

$$\boldsymbol{V}=\nabla\varphi=\operatorname{grad}\varphi \tag{3-20}$$

或

$$\left.\begin{aligned} u&=\frac{\partial\varphi}{\partial x}\\ u&=\frac{\partial\varphi}{\partial y}\\ u&=\frac{\partial\varphi}{\partial z}\end{aligned}\right\} \tag{3-21}$$

标量函数 φ 称为速度场的势函数，简称速度势。无旋必有势，有势必无旋。只要速度场的三个分量满足式 (3-19)，就存在速度势。故通常把理想流体的无旋运动称为势流。

3.2.2 控制方程

在 3.1 节流体的连续性方程中，我们根据流体的连续性方程，推导得出速度势应满足 Laplace 方程，即

$$\frac{\partial^2\varphi}{\partial x^2}+\frac{\partial^2\varphi}{\partial y^2}+\frac{\partial^2\varphi}{\partial z^2}=\nabla^2\varphi=0 \tag{3-22}$$

在无旋条件下，均匀不可压缩理想流体的基本控制方程就是 Laplace 方程。实际问题是千变万化的，因而遵守同一 Laplace 方程的流动也可以有种种不同的形式。这些实际问题的差别，在数学上由所谓的边界条件和初始条件所决定，这些统称为定解条件。相应地，在给定定解条件下，求解控制方程的数学问题称为定解问题。

通常利用数学物理方程来求解定解问题需要验证解的存在性、唯一性以及稳定性，三者统称为定解问题的适定性。通过验证定解问题的适定性，可以判断抽象出来的定解问题是否合理，定解条件是否恰当并且对求解能够起到指导作用。关于适定性的严格论述，可参考相关的数理方程著作，本节中只讨论 Laplace 方程解的唯一性，考察在何种定解条件下，Laplace 方程解才是唯一的 [49]。

在给定的均匀不可压缩理想流体无旋流场中，流体的总动能可以表示为

$$E=\frac{\rho}{2}\iiint_V v^2\mathrm{d}V \tag{3-23}$$

其中，V 为所研究的流域。根据速度势和速度的关系 $v^2=\nabla\varphi\cdot\nabla\varphi=\nabla\cdot(\varphi\nabla\varphi)$ 以及 Gauss 公式，流体动能可以写成

$$E=\frac{1}{2}\rho\iint_S\varphi\frac{\partial\varphi}{\partial\boldsymbol{n}}\mathrm{d}S \tag{3-24}$$

其中，S 为流域的所有边界，$\boldsymbol{n}$ 为流体边界上的单位外法线矢量。由此可见，边界上的速度势 φ 及其法向导数决定了流场内流体的运动。

假设在流场内存在两个势函数，分别记为 φ_1 和 φ_2，它们均满足 Laplace 方程。现构造一个新的速度势 $\Phi = \varphi_1 - \varphi_2$ ，则它也满足 Laplace 方程，其速度场为 $\nabla\Phi$，则其动能为

$$E_{\Phi} = \frac{1}{2}\rho \iint_S (\varphi_1 - \varphi_2)\left(\frac{\partial \varphi_1}{\partial n} - \frac{\partial \varphi_2}{\partial n}\right) \mathrm{d}S \tag{3-25}$$

显然只有当 $E_{\Phi} = 0$ 时，才能说流场静止，场中速度处处为零。也就是说 φ_1 和 φ_2 代表同一流动。下列三种情况可以使 $E_{\Phi} = 0$。

(1) 在整个边界上给定 $\varphi_1 = \varphi_2 = \varphi$，这种情况叫做第一类边值问题或 Dirichlet 问题。

(2) 在整个边界上给定 $\dfrac{\partial \varphi_1}{\partial n} = \dfrac{\partial \varphi_2}{\partial n} = \dfrac{\partial \varphi}{\partial n}$，这种情况叫做第二类边值问题或 Neumann 问题。

(3) 在部分边界上给出 $\varphi_1 = \varphi_2 = \varphi$，在余下边界给出 $\dfrac{\partial \varphi_1}{\partial n} = \dfrac{\partial \varphi_2}{\partial n} = \dfrac{\partial \varphi}{\partial n}$，此时叫做混合边值问题。

需要注意的是，边界系指所有的流场边界。在无界流场中应包括无限远处的辐射条件。若遗漏某些边界，则不能保证解的唯一性。当全部边界上的条件给定后，整个流场的速度势就能唯一地确定下来。

3.2.3　定解条件

只有在给定了恰当的定解条件之后，Laplace 方程的解才是唯一确定的。因此，对边界条件和初始条件给出正确的数学描述几乎和求解方程一样重要。

1) 固体壁面上的边界条件

设 S 是不可穿透的固体壁面，其构成了流场边界的一部分。根据物面不可渗透的性质，在 S 上应满足

$$\left.\frac{\partial \varphi}{\partial n}\right|_S = U_n \tag{3-26}$$

式 (3-26) 左端表示物面 S 上流体质点的法向速度，右端 U_n 则为物面 S 上某点运动速度的法向投影。该式的物理意义是，物面 S 上任意点的法向速度等于紧贴该点的流体质点的法向速度。只有这样，才能保证流体质点不会穿过物体表面。式 (3-26) 即固体壁面上的运动学条件。

2) 自由面上的边界条件

设自由面的变形相对较小 (微幅波假定)，在 $y = \eta(x, z, t) = 0$ 上的自由面条件满足：

运动学条件

$$\frac{\partial \eta}{\partial t}=\frac{\partial \varphi}{\partial y} \tag{3-27}$$

动力学条件

$$g\eta+\frac{\partial \varphi}{\partial t}=0 \tag{3-28}$$

结合式 (3-27) 和式 (3-28) 消去 η，就有统一的线性化自由面条件如下：

$$\frac{\partial^2 \varphi}{\partial t^2}+g\frac{\partial \varphi}{\partial y}=0 \tag{3-29}$$

从上面几个关系式可知，一旦速度势确定，自由面位移及其运动速度都可由式 (3-27) 和式 (3-28) 确定。

线性系统在长时间受扰达到稳态后，其稳态响应可以记为 $\varphi=\varphi \mathrm{e}^{-\mathrm{i}\omega t}$，其中，$\omega$ 为振荡圆频率。将其代入式 (3-29)，空间速度势在 $y=0$ 上应满足

$$g\frac{\partial \varphi}{\partial y}-\omega^2\varphi=0 \tag{3-30}$$

振荡达到稳态后，初始扰动的形式已经没有影响，问题与初始条件无关。

3) 无穷远处边界条件

在处理定解问题时，除了上述边界条件外，还需要给出无穷远处的边界条件，只有这样才能保证方程的解是唯一确定的。这个条件通常被称为辐射条件。通常要给出的是扰动速度势在无穷远处应满足的条件，至于未扰速度势，如来流速度等，一般是比较容易确定的。

在无限流场中，若某处受到局部扰动，则离扰动越远，扰动影响越小。显然当 $R\to\infty$ 时，辐射条件可以记为

$$\nabla\varphi=0 \tag{3-31}$$

其中，R 为流场中某点离扰动源的距离。

对有限范围扰动引起的线性流体动力问题，辐射条件比较容易确定。这一有限范围的扰动可以由有限尺度的物体运动或者自由面上有限范围的压力脉动所引起。从能量守恒观点来看二维问题，扰动引起的平面波在传播过程中，波幅保持不变；在三维问题中，外传柱面波的波幅在无限远处以 $1/\sqrt{R}$ 的速率衰减。其数学表达为：

二维问题

$$\lim_{x\to\pm\infty}\left(\frac{\partial \varphi}{\partial x}\pm\frac{1}{C}-\frac{\partial \varphi}{\partial t}\right)=0 \tag{3-32}$$

三维问题

$$\lim_{R\to\pm\infty}\sqrt{R}\left(\frac{\partial \varphi}{\partial R}\pm\frac{1}{C}-\frac{\partial \varphi}{\partial t}\right)=0 \tag{3-33}$$

若水是无限深的，则除了上述辐射条件外，还应有无限深处条件。局部扰动的影响随着深度的增加而减弱，故无限深处条件可以记作

$$\lim_{y \to -\infty} \nabla \varphi = 0 \tag{3-34}$$

4) 初始条件

初始条件规定了系统中所有质点的初始位置和速度。对于 Laplace 方程，只需给出边界上的初始条件即可。因为在每一瞬间，边界条件一经确定，场内各点的物理量也就确定了。

对有自由面的流体动力学问题，因出现速度势 $\varphi(x_i, t)$ 对时间 t 的二阶偏导，一般需要给出，比如：

$$\varphi\left(x_1, 0, x_3; 0\right) = f\left(x_1, x_3\right)$$

$$\frac{\partial \varphi\left(x_1, 0, x_3; 0\right)}{\partial t} = g\left(x_1, x_3\right) \quad (\text{在} x_2 = 0 \text{上})$$

其中，f 和 g 为任意给定函数，描述自由面上的初始冲量和初始自由面变形。

3.2.4　格林函数法

求解流场中的速度势，即求解在确定边界条件下的 Laplace 方程。目前，Laplace 方程的求解已有许多成熟的方法，关于这些方法，有兴趣的读者可以自行查找文献参考。

格林函数法又称为奇点分布法、边界积分方程法或边界单元法。这种方法在应用上相当灵活，对边界的适应性较强。格林函数法的理论和数学基础很早就被研究得比较透彻，这种方法把边值问题变换成积分问题，本质上属于一种数值方法，计算工作量很大。直至 20 世纪 60 年代初，随着高速大容量电子计算机的出现和迅速发展，这一方法才获得进一步发展和完善，并开始在工程实际中广泛应用。

这里首先给出格林第一公式、格林第二公式和格林第三公式，具体的推导过程请自行查阅相关文献。

格林第一公式：

$$\iint_S \varphi \frac{\partial \psi}{\partial n} \mathrm{d}S = \iiint_V \nabla \varphi \cdot \nabla \psi \mathrm{d}V + \iiint_V \varphi \nabla^2 \psi \mathrm{d}V \tag{3-35}$$

格林第二公式：

$$\iint_S \left(\varphi \frac{\partial \psi}{\partial n} - \psi \frac{\partial \varphi}{\partial n}\right) \mathrm{d}S = \iiint_V \left(\varphi \nabla^2 \psi - \psi \nabla^2 \varphi\right) \mathrm{d}V \tag{3-36}$$

格林第三公式:

$$\iint\limits_S \left[\varphi\frac{\partial}{\partial n}\left(\frac{1}{r}\right)-\frac{1}{r}\frac{\partial\varphi}{\partial n}\right]\mathrm{d}S=\begin{cases}-4\pi\varphi\left(x,y,z\right) & (P\in V)\\ -2\pi\varphi\left(x,y,z\right) & (P\in S)\\ 0 & (P\notin V+S)\end{cases} \tag{3-37}$$

因为 φ 和 ψ 在 V 内处处调和，满足 $\nabla^2\varphi=\nabla^2\psi=0$，所以格林第二公式可以写成

$$\iint\limits_S \varphi\frac{\partial\psi}{\partial n}\mathrm{d}S=\iint\limits_S \psi\frac{\partial\varphi}{\partial n}\mathrm{d}S \tag{3-38}$$

格林第三公式可以写作

$$\iint\limits_S \left[\varphi\frac{\partial G}{\partial n}-G\frac{\partial\varphi}{\partial n}\right]\mathrm{d}S=\begin{cases}-4\pi\varphi(x,y,z) & (P\in V)\\ -2\pi\varphi(x,y,z) & (P\in S)\\ 0 & (P\notin V+S)\end{cases} \tag{3-39}$$

其中，$G(P,Q)$ 称为格林函数，P、Q 都是流域内的点。

从前面关于 Laplace 方程解的唯一性的讨论中已经知道，如果在全部边界上给出速度势，则场内速度势就能唯一地确定下来。因此可以用点源形式的格林函数在物面上的分布来表达流场中的势函数。

如图 3-2 所示，有一物体处于流场内，物面记为 S，外部流域为 V_e，物面单位内法线矢量为 $\boldsymbol{n}_e$，对流域而言，$\boldsymbol{n}_e$ 为外法线单位矢量。外域中的速度势可以表达为

$$\iint\limits_S \left[\varphi_e\frac{\partial G}{\partial n_e}-G\frac{\partial\varphi_e}{\partial n_e}\right]\mathrm{d}S=\begin{cases}-4\pi\varphi_e(x,y,z) & (P\in V_e)\\ -2\pi\varphi_e(x,y,z) & (P\in S)\\ 0 & (P\notin V_e+S)\end{cases} \tag{3-40}$$

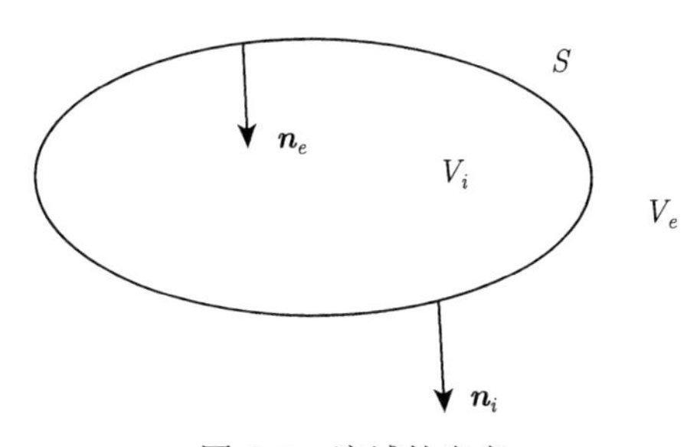

图 3-2 流域的定义

闭曲面 S 内部对目前的问题没有定义，我们可以在物体内部虚构一个流场，记为 V_i。内部流场的速度势可记为

$$\iint_S \left[\varphi_i \frac{\partial G}{\partial n_i} - G\frac{\partial \varphi_i}{\partial n_i}\right] \mathrm{d}S = \begin{cases} -4\pi\varphi_i(x,y,z) & (P\in V_e) \\ -2\pi\varphi_i(x,y,z) & (P\in S) \\ 0 & (P\notin V_i+S) \end{cases} \tag{3-41}$$

将式 (3-40) 和式 (3-41) 结合整理后，可得

$$\iint_S \left[(\varphi_i-\varphi_e)\frac{\partial G}{\partial n_e} - G\left(\frac{\partial \varphi_i}{\partial n_e} - \frac{\partial \varphi_e}{\partial n_e}\right)\right] \mathrm{d}S = \begin{cases} 4\pi\varphi_e(P) & (P\in V_e) \\ 2\pi(\varphi_i+\varphi_e) & (P\in S) \\ 4\pi\varphi_i(P) & (P\in V_i) \end{cases} \tag{3-42}$$

若令在 S 上有 $\varphi_i=\varphi_e$，则上式变为

$$\frac{1}{4\pi}\iint_S \sigma(Q)G(P,Q)\,\mathrm{d}S = \begin{cases} \varphi_e(P) & (P\in V_e) \\ \varphi_s(P) & (P\in S) \\ \varphi_i(P) & (P\in V_i) \end{cases} \tag{3-43}$$

其中，

$$\sigma(Q) = \frac{\partial \varphi_e}{\partial n_e} - \frac{\partial \varphi_i}{\partial n_i}$$

式 (3-43) 左端积分相当于在 S 上密度为 $\sigma(Q)$ 的源分布在场内某点 P 引起的速度势。显然，势函数在 S 两边是连续的，其法向导数不连续。因此，在表面 S 上分布源点，内域、外域的势函数都已经确定，在边界曲面 S 上就是源势本身 $\varphi_s(P)$。式 (3-43) 可进一步写为

$$\varphi(P) = \frac{1}{4\pi}\iint_S \sigma(Q)G(P,Q)\mathrm{d}S \tag{3-44}$$

它无论对外部流场、内部流场或是边界上的点都成立。

设在 S 上某点 P_0 处作一法线，求此法线上 P 点的速度在法线上的投影。由于 P 点不在 S 上，故对式 (3-44) 在积分号下直接求导，得到

$$\frac{\partial \varphi(P)}{\partial n} = \frac{1}{4\pi}\iint_S \sigma(Q)\frac{\partial G(P,Q)}{\partial n}\mathrm{d}S \tag{3-45}$$

在 P_0 点的邻域取一个微面元 ΔS，则上式可改写为

$$\frac{\partial \varphi(P)}{\partial n} = \frac{1}{4\pi}\iint_{\Delta S} \sigma(Q)\frac{\partial G(P,Q)}{\partial n}\mathrm{d}S + \frac{1}{4\pi}\iint_{S-\Delta S} \sigma(Q)\frac{\partial G(P,Q)}{\partial n}\mathrm{d}S \tag{3-46}$$

它可以看成是 P 点的速度的法向量由两部分组成，一部分由分布在 ΔS 上的源汇引起，另一部分由分布在 S 的其余部分上的源汇引起。对后一部分进行积分，由于积分曲面不包含 P_0，故可令 P 点沿该法线趋于 P_0，即

$$\frac{1}{4\pi}\iint\limits_{S-\Delta S}\sigma(Q)\frac{\partial G(P,Q)}{\partial n}\mathrm{d}S \to \frac{1}{4\pi}\iint\limits_{S-\Delta S}\sigma(Q)\frac{\partial G(P_0,Q)}{\partial n}\mathrm{d}S \tag{3-47}$$

至于前一积分，当 P 趋于 P_0 时，可以看成完全是由分布在 ΔS 上的源汇诱导的法向速度 v_n。分布在 ΔS 上的源汇总强度是 $\sigma(Q)\Delta S$，它涌出的流体分别向 ΔS 两侧流去，其流量为 $2v_n\Delta S$。根据源汇强度的定义，两者应该相等，即 $v_n = 0.5\sigma(Q)$，于是当 $P \to P_0$ 和 $S \to S_0$ 时，

$$\frac{\partial \varphi(P_0)}{\partial n} = \frac{1}{2}\sigma(P_0) + \frac{1}{4\pi}\iint\limits_{S}\sigma(Q)\frac{\partial G(P_0,Q)}{\partial n}\mathrm{d}S \tag{3-48}$$

上述积分方程一般可通过将边界面划分成有限个数的单元实现离散化，然后进行数值求解。源汇强度确定后，根据式 (3-44) 可求得场内任意一点的速度势。

从本节内容可以看出，格林函数法的基本特点是把所研究问题的数学物理方程变换成边界上的积分方程来进行数值求解。经离散化后的方程，只含有边界上的未知量，计算机内存要求较小。就这点来说，一般情况下它比有限差分法和有限元法更加优越。

3.3 黏性流体力学

自然界中一切流体都是黏性流体，绝对的理想流体是不存在的，虽然一些黏性很小的流体 (如水和空气等)，忽略其黏性后利用理想流体力学相关理论计算得到的结果在一定程度上与实际情况差距甚微。但是，忽略黏性影响后，其结果必然存在一定的误差，且无法计算在流体中运动的物体所受到的阻力。现如今，随着计算机水平的飞速发展，借助于 CFD 方法解决黏性流体力学的速度以及准确度都得到了很大的提升，黏性流体力学相对于理想流体力学的一些劣势已不再明显。因此，借助黏性流体力学相关理论，对海洋能装置相关力学性能进行更为准确的预报越发重要。

3.3.1 N-S 方程

纳维–斯托克斯 (N-S 方程) 来源于流体微团的动量守恒。在此处应用一个经典的模型来推导该方程。图 3-3 是一个六面体的流体微团，由基本的动量定理可知，流体微团的动量变化率等于作用在微团上的外力之和。当以欧拉描述来分析流体运动时，所关注的控制体在空间上是固定不变的。

此时，该控制体内的动量写为

$$\rho \cdot \mathrm{d}x \cdot \mathrm{d}y \cdot \mathrm{d}z \cdot \boldsymbol{v} \tag{3-49}$$

而动量变化率则表示为

$$\frac{\partial(\rho \cdot \boldsymbol{v})}{\partial t} \cdot \mathrm{d}x \cdot \mathrm{d}y \cdot \mathrm{d}z \tag{3-50}$$

由雷诺输运定理可知，该控制体的动量变化率等于单位时间内流入控制体的动量的净值加上外力之和。仅考虑 x 方向的分量时，动量变化率为

$$\frac{\partial(\rho \cdot u)}{\partial t} \cdot \mathrm{d}x \cdot \mathrm{d}y \cdot \mathrm{d}z \tag{3-51}$$

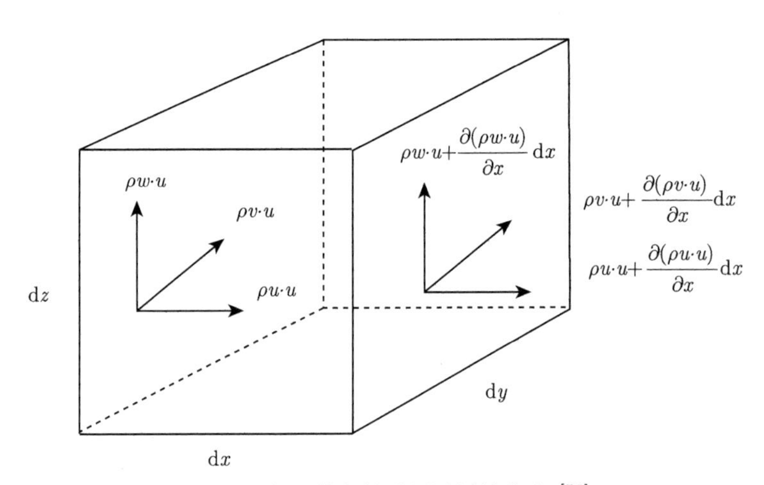

图 3-3　微元体上的动量通量的分布 [50]

这里只考虑单位时间内流入控制体的动量。同样，在图 3-3 中，只考虑 x 方向。流入左边的动量通量为

$$\rho \cdot u^2 \cdot \mathrm{d}y \cdot \mathrm{d}z \tag{3-52}$$

右边流出的动量通量为

$$\rho \cdot u^2 \cdot \mathrm{d}y\mathrm{d}z + \frac{\partial(\rho \cdot u^2)}{\partial x}\mathrm{d}x\mathrm{d}y\mathrm{d}z \tag{3-53}$$

由此，流入流出的净值为

$$\rho \cdot u^2 \cdot \mathrm{d}y\mathrm{d}z - \left[\rho \cdot u^2 \cdot \mathrm{d}y\mathrm{d}z + \frac{\partial(\rho \cdot u^2)}{\partial x}\mathrm{d}x\mathrm{d}y\mathrm{d}z\right] = -\frac{\partial(\rho \cdot u^2)}{\partial x}\mathrm{d}x\mathrm{d}y\mathrm{d}z \tag{3-54}$$

同理，在前后和上下两个面上，得到的动量流入的净值分别为

$$-\frac{\partial(\rho \cdot u \cdot v)}{\partial y}\mathrm{d}x\mathrm{d}y\mathrm{d}z \tag{3-55}$$

$$-\frac{\partial(\rho\cdot u\cdot w)}{\partial z}\mathrm{d}x\mathrm{d}y\mathrm{d}z \tag{3-56}$$

然后，在考虑外力的作用下，通常作用在流体控制体上的外力分为体积力和表面力两部分。体积力 (如重力、电磁力) 可以表示为

$$\boldsymbol{F}=(F_x\boldsymbol{i}+F_y\boldsymbol{j}+F_z\boldsymbol{k})\mathrm{d}x\mathrm{d}y\mathrm{d}z \tag{3-57}$$

而表面力的推导和动量通量的推导比较类似。如图 3-4 所示，在 x 方向上，左右两个面上的表面力之和可以表示为

$$\left[-\tau_{xx}+\tau_{xx}+\frac{\partial\tau_{xx}}{\partial x}\mathrm{d}x\right]\mathrm{d}y\mathrm{d}z=\frac{\partial\tau_{xx}}{\partial x}\mathrm{d}x\mathrm{d}y\mathrm{d}z \tag{3-58}$$

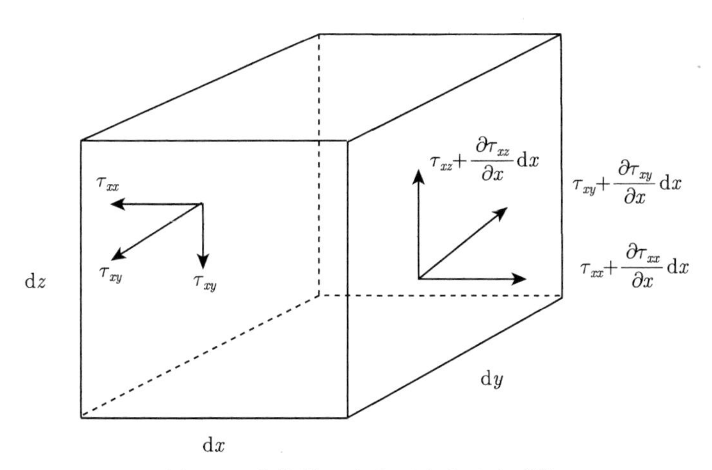

图 3-4 流体微元上表面力的分布 [50]

同理，在前后和上下两个面上得到的表面力为

$$\frac{\partial\tau_{yx}}{\partial y}\mathrm{d}x\mathrm{d}y\mathrm{d}z \tag{3-59}$$

$$\frac{\partial\tau_{zx}}{\partial z}\mathrm{d}x\mathrm{d}y\mathrm{d}z \tag{3-60}$$

即 x 方向的动量定理可以表示为

$$\frac{\partial(\rho\cdot u)}{\partial t}\cdot\mathrm{d}x\mathrm{d}y\mathrm{d}z=\left[-\frac{\partial(\rho\cdot u^2)}{\partial x}-\frac{\partial(\rho\cdot u\cdot v)}{\partial y}-\frac{\partial(\rho\cdot u\cdot w)}{\partial z}+F_x\right.$$
$$\left.+\frac{\partial\tau_{xx}}{\partial x}+\frac{\partial\tau_{yx}}{\partial y}+\frac{\partial\tau_{zx}}{\partial z}\right]\mathrm{d}x\mathrm{d}y\mathrm{d}z$$

消去体积得到

$$\frac{\partial(\rho\cdot u)}{\partial t}+\frac{\partial(\rho\cdot u^2)}{\partial x}+\frac{\partial(\rho\cdot u\cdot v)}{\partial y}+\frac{\partial(\rho\cdot u\cdot w)}{\partial z}=F_x+\frac{\partial\tau_{xx}}{\partial x}+\frac{\partial\tau_{yx}}{\partial y}+\frac{\partial\tau_{zx}}{\partial z} \tag{3-61}$$

此时再引入压强和应力之间的本构关系，即

$$p=-\frac{\tau_{xx}+\tau_{yy}+\tau_{zz}}{3} \tag{3-62}$$

压强等于法向应力的平均值，且方向与应力方向相反。

三个法向的应力又可以被分成两个部分，压强和黏性引起的作用，即

$$\tau_{xx}=\sigma_{xx}-p \tag{3-63}$$

$$\tau_{yy}=\sigma_{yy}-p \tag{3-64}$$

$$\tau_{zz}=\sigma_{zz}-p \tag{3-65}$$

将其代入动量方程中，即得

$$\frac{\partial(\rho\cdot u)}{\partial t}+\frac{\partial(\rho\cdot u^2)}{\partial x}+\frac{\partial(\rho\cdot u\cdot v)}{\partial y}+\frac{\partial(\rho\cdot u\cdot w)}{\partial z}=F_x-\frac{\partial p}{\partial x}+\frac{\partial\sigma_{xx}}{\partial x}+\frac{\partial\tau_{yx}}{\partial y}+\frac{\partial\tau_{zx}}{\partial z} \tag{3-66}$$

切应力满足对称条件

$$\tau_{ij}=\tau_{ji}$$

对于牛顿流体，满足以下关系

$$\sigma_{xx}=2\mu\frac{\partial u}{\partial x}-\frac{2}{3}\mu\left(\frac{\partial u}{\partial x}+\frac{\partial u}{\partial y}+\frac{\partial u}{\partial z}\right) \tag{3-67}$$

$$\tau_{yx}=\tau_{xy}=\mu\left(\frac{\partial v}{\partial x}+\frac{\partial u}{\partial y}\right) \tag{3-68}$$

将式 (3-67) 和式 (3-68) 代入式 (3-66)，即得 N-S 方程

$$\begin{aligned}&\frac{\partial(\rho\cdot u)}{\partial t}+\frac{\partial(\rho\cdot u^2)}{\partial x}+\frac{\partial(\rho\cdot u\cdot v)}{\partial y}+\frac{\partial(\rho\cdot u\cdot w)}{\partial z}\\&=F_x-\frac{\partial p}{\partial x}+\frac{\partial}{\partial x}\left[2\mu\frac{\partial u}{\partial x}-\frac{2}{3}\mu\nabla\cdot u\right]\\&+\frac{\partial}{\partial y}\left[\mu\left(\frac{\partial v}{\partial x}+\frac{\partial u}{\partial y}\right)\right]+\frac{\partial}{\partial z}\left[\mu\left(\frac{\partial u}{\partial z}+\frac{\partial w}{\partial x}\right)\right]\end{aligned} \tag{3-69}$$

对于不可压缩流体，可以利用连续性方程 $\nabla\cdot v=0$ 简化 N-S 方程得

$$\begin{aligned}&\frac{\partial(\rho\cdot u)}{\partial t}+\frac{\partial(\rho\cdot u^2)}{\partial x}+\frac{\partial(\rho\cdot u\cdot v)}{\partial y}+\frac{\partial(\rho\cdot u\cdot w)}{\partial z}\\&=F_x-\frac{\partial p}{\partial x}+\frac{\partial}{\partial x}\left(2\mu\frac{\partial u}{\partial x}\right)+\frac{\partial}{\partial y}\left[\mu\left(\frac{\partial v}{\partial x}+\frac{\partial u}{\partial y}\right)\right]+\frac{\partial}{\partial z}\left[\mu\left(\frac{\partial u}{\partial z}+\frac{\partial w}{\partial x}\right)\right]\end{aligned} \tag{3-70}$$

若设黏性系数为常数，则可以得到以下简化形式：

$$\rho\left[\frac{\partial u}{\partial t}+u\frac{\partial u}{\partial x}+v\frac{\partial u}{\partial y}+w\frac{\partial u}{\partial z}\right]=F_x-\frac{\partial p}{\partial x}+\mu\left[\frac{\partial^2 u}{\partial x^2}+\frac{\partial^2 u}{\partial y^2}+\frac{\partial^2 u}{\partial z^2}\right] \tag{3-71}$$

同理，y，z 方向上的表达式为

$$\rho\left[\frac{\partial v}{\partial t}+u\frac{\partial v}{\partial x}+v\frac{\partial v}{\partial y}+w\frac{\partial v}{\partial z}\right]=F_y-\frac{\partial p}{\partial y}+\mu\left[\frac{\partial^2 v}{\partial x^2}+\frac{\partial^2 v}{\partial y^2}+\frac{\partial^2 v}{\partial z^2}\right] \tag{3-72}$$

$$\rho\left[\frac{\partial w}{\partial t}+u\frac{\partial w}{\partial x}+v\frac{\partial w}{\partial y}+w\frac{\partial w}{\partial z}\right]=F_z-\frac{\partial p}{\partial z}+\mu\left[\frac{\partial^2 w}{\partial x^2}+\frac{\partial^2 w}{\partial y^2}+\frac{\partial^2 w}{\partial z^2}\right] \tag{3-73}$$

表示成矢量形式则为

$$\rho\left(\frac{\partial \boldsymbol{v}}{\partial t}+(\boldsymbol{v}\cdot\nabla)\boldsymbol{v}\right)=\boldsymbol{F}-\nabla p+\mu\cdot\Delta\boldsymbol{v} \tag{3-74}$$

式 (3-74) 从左往右分别表示时间导数项、对流项、体积力项、压力的梯度项和黏性的扩散项。

3.3.2 RANS 模拟

在自然界中，绝大多数的流动都是湍流，湍流的流场具有很强的随机性和脉动性，湍流的瞬时流动满足 N-S 方程。然而，由于湍流流动涉及的时间尺度和空间尺度范围极广，想要精确地计算实际的流动情况必须求解这些相差几十倍的不同尺度的流动，这在工程上几乎是不可能的。因此，早期的湍流学者如 Reynolds，Taylor 等，仿照混沌理论和随机过程将统计方法应用于湍流研究之中，将湍流特征量用其统计特性来表征。

从统计意义上来说，平均可以分为样本平均、时间平均和空间平均。样本平均是指在一系列完全相同的实验条件下所得到的值的平均，定义为

$$F_E(x,y,z,t)=\frac{1}{N}\sum_{1}^{N}f^n(x,y,z,t) \tag{3-75}$$

其中，$f^n(x,y,z,t)$ 为第 n 次实验的样本值。样本平均是一种理想化的平均方法，样本的总数 N 必须足够大以获得准确的样本平均值。

对于定常流动，即边界条件在很长的一段时间内不发生变化的湍流流动问题，例如，管内流动或者在静止水面上匀速航行的船舶，可以采用相对于样本平均更为容易实现的时间平均：

$$F_T(x,y,z,t)=\frac{1}{T}\int_{t-T/2}^{t+T/2}f(x,y,z,t)\mathrm{d}t \tag{3-76}$$

对于时间间隔 T, 从严格的数学意义上来讲，需要无限大。然而在实际问题中，这是不可能的，T 在公式推导中不做严格定义，可以选取为远大于湍流脉动的最大周期的值。对于非定常流动，事实上也可以对参数进行时间平均，这时时间间隔 T 则既要大于湍流脉动的周期，又要相对于缓变值的周期足够短。

对于各向同性湍流或者空间均匀的湍流，可以采用空间平均：

$$F_V(x,y,z,t)=\frac{1}{V}\iiint\limits_V f(x,y,z,t)\mathrm{d}V \tag{3-77}$$

同样，对于空间平均而言，V 必须足够大以过滤掉空间上的湍流参数变化。空间平均的概念将在大涡模拟 (Large eddy simulation，LES) 中被用到。

显然，在具体的实验数据测量和处理过程中，相对于样本平均值，时间平均值和空间平均值在海洋和大气领域的应用更为广泛。事实上，想要获得相同条件下的样本值几乎是不可能的。在这里，我们仅考虑时间平均。Reynolds 在傅里叶的启发之下，仿照气体分子运动理论的平均概念，对于不可压缩流体的 N-S 方程在时间上进行了平均。

Reynolds[52] 将湍流的瞬时速度和压力分解为时间平均量和远离平均量的脉动量，该分解即

$$\begin{cases} u=\bar{u}+u', & \overline{u'}=0\\ v=\bar{v}+v', & \overline{v'}=0\\ w=\bar{w}+w', & \overline{w'}=0\\ p=\bar{p}+p', & \overline{p'}=0\end{cases} \tag{3-78}$$

其中，横杠 “–” 代表时间平均。对脉动量取时间平均，速度和压力的脉动量平均值均为 0。

将瞬时速度和压力代入忽略外力的守恒型不可压缩流动 N-S 方程中，可以得到基于瞬时速度的动量方程和质量守恒方程：

$$\begin{cases} \dfrac{\partial(\bar{u}_i+u_i')}{\partial t}+\dfrac{\partial(\bar{u}_i+u_i')(\bar{u}_j+u_j')}{\partial x_j}=-\dfrac{1}{\rho}\dfrac{\partial(\bar{p}+p')}{\partial x_i}+\nu\nabla^2(\bar{u}_i+u_i')\\ \dfrac{\partial(\bar{u}_i+u_i')}{\partial x_i}=0\end{cases} \tag{3-79}$$

对以上的方程组进行时间平均，可以得到时间平均后的瞬时方程：

$$\begin{cases} \overline{\dfrac{\partial(\bar{u}_i+u_i')}{\partial t}}+\overline{\dfrac{\partial(\bar{u}_i+u_i')(\bar{u}_j+u_j')}{\partial x_j}}=\overline{-\dfrac{1}{\rho}\dfrac{\partial(\bar{p}+p')}{\partial x_i}}+\overline{\nu\nabla^2(\bar{u}_i+u_i')}\\ \overline{\dfrac{\partial(\bar{u}_i+u_i')}{\partial x_i}}=0\end{cases} \tag{3-80}$$

根据平均量的运算规则，可知：

$$
\begin{aligned}
&\overline{\frac{\partial u_i}{\partial x_i}}=\frac{\overline{\partial(\bar{u}_i+u_i')}}{\partial x_i}=\frac{\partial(\overline{\bar{u}_i+u_i'})}{\partial x_i}=\frac{\partial\left(\bar{u}_i+\overline{u_i'}\right)}{\partial x_i}=\frac{\partial \bar{u}_i}{\partial x_i}\\
&\overline{\frac{\partial u_i}{\partial t}}=\frac{\overline{\partial(\bar{u}_i+u_i')}}{\partial t}=\frac{\partial(\overline{\bar{u}_i+u_i'})}{\partial t}=\frac{\partial\left(\bar{u}_i+\overline{u_i'}\right)}{\partial t}=\frac{\partial \bar{u}_i}{\partial t}\\
&\overline{\frac{\partial p}{\partial x_i}}=\frac{\overline{\partial(\bar{p}+p')}}{\partial x_i}=\frac{\partial\left(\overline{\bar{p}+p'}\right)}{\partial x_i}=\frac{\partial\left(\bar{p}+\overline{p'}\right)}{\partial x_i}=\frac{\partial \bar{p}}{\partial x_i}\\
&\overline{\nu\nabla^2(u_i)}=\overline{\nu\nabla^2(\bar{u}_i+u_i')}=\nu\nabla^2(\overline{\bar{u}_i+u_i'})=\nu\nabla^2\left(\bar{u}_i+\overline{u_i'}\right)=\nu\nabla^2\bar{u}_i
\end{aligned}
\tag{3-81}
$$

上述的平均值推导是针对线性项，对于非线性项，即瞬时方程中的迁移项，根据运算规则，可以得到

$$
\begin{aligned}
\frac{\overline{\partial(\bar{u}_i+u_i')(\bar{u}_j+u_j')}}{\partial x_j}&=\frac{\partial(\overline{\bar{u}_i\bar{u}_j+\bar{u}_iu_j'+\bar{u}_ju_i'+u_i'u_j'})}{\partial x_j}\\
&=\frac{\partial\left(\bar{u}_i\bar{u}_j+\bar{u}_i\overline{u_j'}+\bar{u}_j\overline{u_i'}+\overline{u_i'u_j'}\right)}{\partial x_j}\\
&=\frac{\partial\left(\bar{u}_i\bar{u}_j+\overline{u_i'u_j'}\right)}{\partial x_j}
\end{aligned}
\tag{3-82}
$$

依赖上述的计算关系，可以对时间平均后的瞬时 N-S 方程进行化简，最终得到不可压缩流动的雷诺平均方程 (Reynolds-averaged Navier-Stokes equation，RANS equation)，为了方便读者阅读，用大写字母来表示雷诺分解中的时间平均项：

$$
\begin{gathered}
\rho\frac{\partial U_i}{\partial t}+\rho U_j\frac{\partial U_i}{\partial x_j}=-\frac{\partial P}{\partial x_i}+\mu\nabla^2U_i-\frac{\partial\left(\rho\overline{u_j'u_i'}\right)}{\partial x_j}\\
\frac{\partial U_i}{\partial x_i}=0
\end{gathered}
\tag{3-83}
$$

从上述方程中可以看出，RANS 方程与 N-S 方程非常相似，但 RANS 方程中存在着脉动速度的二阶项 $\overline{u_i'u_j'}$，该项在 RANS 方程里为不封闭项。通常，$-\rho\overline{u_i'u_j'}$ 可以被视作应力项，因此也被称为雷诺应力张量 (Reynolds stress tensor)。

一般而言，在壁面附近之外的流场中，雷诺应力的值要远大于黏性力，从物理意义上讲，可以解释为湍流脉动效应作用于均匀流上的应力，即湍流脉动所导致的平均动能的变化率。雷诺应力张量的矩阵形式可以表示为

$$
\tau=-\left\{\begin{array}{ccc}
\rho\overline{u'u'} & \rho\overline{u'v'} & \rho\overline{u'w'}\\
\rho\overline{v'u'} & \rho\overline{v'v'} & \rho\overline{v'w'}\\
\rho\overline{w'u'} & \rho\overline{w'v'} & \rho\overline{w'w'}
\end{array}\right\}
\tag{3-84}
$$

显然，雷诺应力张量是一个对称张量，其中只有六个量是独立的。因此，对原方程雷诺平均之后，方程多了六个雷诺应力未知量，加上四个平均项，即三个平均速度项和一个平均压力项，在 RANS 方程中总共有十个未知量。然而方程的数量并没有增加，仍然只有四个，因此 RANS 方程本身是不封闭的。

雷诺应力项的输运方程可从 N-S 方程中减去 RANS 方程，所得到的中间方程再乘以 u_j' 得出

$$\begin{aligned}
&\frac{\partial \overline{u_i'u_j'}}{\partial t}+\overline{u_k}\frac{\partial \overline{u_i'u_j'}}{\partial x_k}+\frac{\partial \overline{u_i'u_j'u_k'}}{\partial x_k}\\
&=-\overline{u_i'u_k'}\frac{\partial \bar{u}_j}{\partial x_k}-\overline{u_j'u_k'}\frac{\partial \bar{u}_i}{\partial x_k}\\
&\quad-\frac{1}{\rho}\left(\overline{u_i\frac{\partial p}{\partial x_j}}+\overline{u_j\frac{\partial p}{\partial x_x}}\right)-2\nu\overline{\frac{\partial u_i}{\partial x_k}\frac{\partial u_j}{\partial x_k}}+\nu\frac{\partial^2}{\partial x_k^2}\overline{u_iu_j}
\end{aligned} \tag{3-85}$$

然而该方程含有更多的未知二阶和三阶脉动项，而三阶脉动项的输运方程又会引入更高阶，因此很难直接求解雷诺应力 [51]。

在工程应用上，想要求解 RANS 方程中的不封闭项，一般还需要附加的湍流模型方程。湍流模型的主要目的是建立雷诺应力项与平均量之间的关系。Boussinesq 仿照分子运动的理论，提出了雷诺应力 (雷诺应力已除以密度，以下仍称雷诺应力) 的表达式 [52]：

$$\tau_{ij}=-\overline{u_i'u_j'}=\nu_T\left(\frac{\partial U_i}{\partial x_j}+\frac{\partial U_j}{\partial x_i}\right)-\frac{2}{3}k\delta_{ij} \tag{3-86}$$

其中，k 为湍动能，ν_T 代表涡黏性系数，式 (3-86) 从数学上来看实际上类似于描述牛顿流体应力应变关系的本构方程。将该涡黏性假设代入 RANS 方程中，则增加的未知数变成了湍动能和涡黏性系数这两个待模化的标量。模化方程可以是代数方程，也可以是微分方程。Boussinesq 在量纲分析的基础上给出了涡黏性系数的近似表达式：

$$\nu_T\sim l_T\cdot u_T \tag{3-87}$$

其中，l_T 和 u_T 分别为湍流的特征长度和特征速度。很多模化方程的核心，就在于给出这两个特征尺度的表达式。Prandtl[53] 提出了对于二维剪切流的混合长度理论，该理论假定湍流的特征速度为

$$u_T=l_T\cdot\frac{\mathrm{d}u}{\mathrm{d}y} \tag{3-88}$$

由于雷诺应力与 $\mathrm{d}u/\mathrm{d}y$ 同号，因此涡黏性系数可以写为

$$\nu_T=l_T\cdot u_T=l_T^2\left|\frac{\mathrm{d}u}{\mathrm{d}y}\right| \tag{3-89}$$

则雷诺应力可以表示为

$$\tau = -\overline{u'v'} = \nu_T \frac{\mathrm{d}U}{\mathrm{d}y} \sim l_T^2 \left(\frac{\mathrm{d}U}{\mathrm{d}y}\right)^2 \tag{3-90}$$

该模型称为代数方程模型或者零方程模型。

借助于湍动能的输运公式，Prandtl 和 Wieghardt[54] 进一步提出了求解二维流动的含有一个微分方程的湍流模型。湍流的特征尺度由湍动能来决定：

$$u_T = c\sqrt{k} \tag{3-91}$$

湍动能由湍动能输运公式得出

$$\frac{\mathrm{D}k}{\mathrm{D}t} = -c_1 \frac{k\sqrt{k}}{l_T} + c l_T \sqrt{k} \left(\frac{\mathrm{d}U}{\mathrm{d}y}\right)^2 + \frac{\partial}{\partial y}\left(c_2 l \sqrt{k} \frac{\partial k}{\partial y}\right) \tag{3-92}$$

对于三维问题，目前通常所采用的湍动能微分方程为

$$\frac{\partial k}{\partial t} + U_j \frac{\partial k}{\partial x_j} = \frac{\partial}{\partial x_j}\left(\frac{\nu_T}{\sigma_K}\frac{\partial k}{\partial x_j}\right) + \tau_{ij}\frac{\partial U_i}{\partial x_j} - c_\varepsilon \frac{k^{3/2}}{l_T} \tag{3-93}$$

其中，$\varepsilon = c_\varepsilon \dfrac{k^{3/2}}{l_T}$ 为单位质量的流体的湍动能耗散率，雷诺应力 τ_{ij} 由 Boussinesq 涡黏性假设给出。

对于零方程和一方程模型而言，存在着一个问题，即需要预先对于湍流的流场有一定的了解，才能合理地给出湍流特征尺度的值的大小。Wilcox[55] 指出，对于一个合理的湍流模型，应该在未知其流场细节的情况下获得所需要的解。Kolmogorov[56] 给出了最早的两方程模式，不依赖于初估湍流的特征长度即可获得 RANS 方程的解，但 Kolmogorov 并未给出详细的推导过程。在这里主要介绍 Launder 和 Spalding[57] 在 1974 年提出的 k-ε 模型，为了区别后来各个学者对于 k-ε 模型的改进，称其为标准 k-ε 模型。

k-ε 模型是迄今为止最为常用的二方程模型，根据 Taylor[58] 对于湍流长度的假设，湍流模型的特征尺度为

$$l_T \sim k^{3/2}/\varepsilon \tag{3-94}$$

同样，特征速度由湍动能决定。因此这导出了二方程模式最基本的假设，即涡黏性系数 ν_T 可以表示为

$$\nu_T = C_\mu k^2/\varepsilon \tag{3-95}$$

除了湍动能方程之外，还需要另外一个关于湍流耗散率 ε 的方程。关于 ε 方程的导出，读者可以参考 Hanjalic 的文章 [59]，由湍流脉动量输运方程推得。同

时，Wilcox 也给出了一种推导方式，直接由 N-S 导出。相对于 k 方程，ε 的输运方程更为复杂，包含了大量未知的二阶和三阶矩，想要精确地计算每一项几乎是不可能的。因此，其中大量的项需要依赖实验和量纲分析来进行模化。

在这里我们不做推导，直接给出标准 k-ε 方程的表达式：

$$\begin{aligned}\frac{\mathrm{D}\varepsilon}{\mathrm{D}t}&=\frac{1}{\rho}\frac{\partial}{\partial x_k}\left(\frac{\mu_t}{\sigma_e}\frac{\partial\varepsilon}{\partial x_k}\right)+\frac{C_1\mu_t}{\rho}\frac{\varepsilon}{k}\left(\frac{\partial U_l}{\partial x_k}+\frac{\partial U_k}{\partial x_l}\right)\frac{\partial U_l}{\partial x_k}-C_1\frac{\varepsilon^2}{k}\\ \frac{\mathrm{D}k}{\mathrm{D}t}&=\frac{1}{\rho}\frac{\partial}{\partial x_k}\left(\frac{\mu_t}{\sigma_k}\frac{\partial k}{\partial x_k}\right)+\frac{\mu_t}{\rho}\left(\frac{\partial U_l}{\partial x_k}+\frac{\partial U_k}{\partial x_l}\right)\frac{\partial U_l}{\partial x_k}-\varepsilon\end{aligned}\tag{3-96}$$

各个常数的值由 Launder 和 Spalding 给出：

$$C_\mu=0.09,\quad C_{\varepsilon1}=1.44,\quad C_{\varepsilon2}=1.92,\quad \sigma_e=1.0,\quad \sigma_\varepsilon=1.3\tag{3-97}$$

3.3.3 大涡模拟

在 3.3.2 节中已经对 RANS 做了介绍，但是由于 RANS 采用时间平均，这实际上抹去了湍流的脉动细节，更关心待求物体的平均受力等情况而非实际的流场。如果想要得到流场流动的实际物理情况，仍然需要借助直接数值模拟 (DNS) 或者大涡模拟 (LES)。由于直接数值模拟的计算需要大量的计算资源，目前很难将其直接在工程中应用，因此这里只对大涡模拟的理论与公式的推导做简要介绍。

在引出大涡模拟之前，需要了解一些基础的湍流知识，尤其是湍流能量谱的概念。一般而言，能量谱被视为波数的函数，波数与波长存在着关系：

$$\kappa=\frac{\lambda}{2\pi}\tag{3-98}$$

在湍流中，一般近似地认为波数的倒数即涡的特征长度。流场的湍动能可以表示为

$$\kappa=\int_0^\infty E(\kappa)\mathrm{d}k\tag{3-99}$$

其中，$E(\kappa)$ 为谱密度，湍流能量谱如图 3-5 所示。湍流的主要能量集中在尺度较大的大涡之中，大涡向尺度较小的涡传递能量，最终能量由于黏性的作用以热量的形式耗散掉。大涡的特征长度要远大于小涡，一般而言，可以认为湍流的能量集中在尺度为 Taylor 积分长度 λ 的涡的附近。热量的耗散发生在最小尺度的涡区域，这个最小的尺度为 Kolmogorov[60] 最小尺度，耗散尺度的涡从较大尺度的涡接收到的能量与耗散的能量处于平衡状态。与 Taylor 提出的积分尺度的涡不同，Kolmogorov 最小尺度涡主要受到两个参数的控制，即湍动能的耗散率 ε 以及运动黏性系数 ν。

通过量纲分析，Kolmogorov 得出了耗散尺度的涡的特征长度和特征时间：

$$\eta=\left(\frac{\nu^3}{\varepsilon}\right)^{1/4},\quad \tau=\left(\frac{\nu}{\varepsilon}\right)^{1/2} \tag{3-100}$$

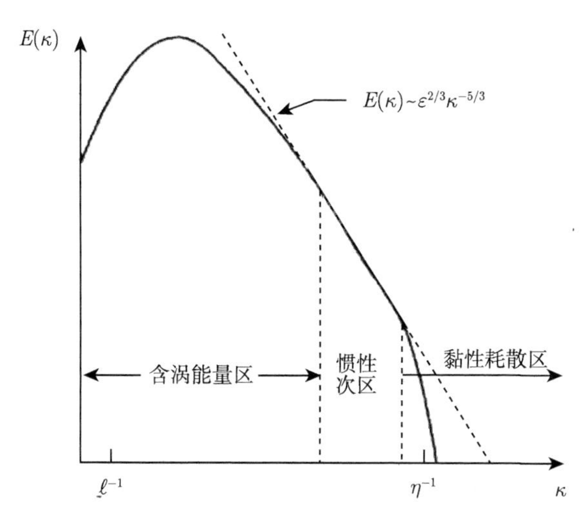

图 3-5　湍流能量谱 [55]

由此，也可以推出耗散尺度涡的特征速度为

$$u=(\nu\varepsilon)^{1/4} \tag{3-101}$$

在大涡和耗散涡之间，还存在着大量不同尺度的涡，这些涡的能量与大涡和耗散涡无关，因此，Kolmogorov 认为其能量密度函数只取决于湍动能的耗散率 ε 和波数 κ，建立在量纲分析的基础上，其给出了亚尺度区能量密度函数的表达式：

$$E(\kappa)=\varepsilon^{2/3}\kappa^{-5/3} \tag{3-102}$$

大涡模拟，即尺度较大，蕴含着湍流的主要能量的涡由 N-S 方程解出，而尺度较小的涡的耗散作用和其对大涡的影响，则通过亚格子模型来近似。大涡与平均流之间有非常强烈的相互作用，而小涡对于流动的影响很小，近似于各项同性，因此可以用湍流模型来模拟。由于大涡模拟中小涡使用湍流模型来近似，因此实际计算时网格的大小可以远大于耗散尺度，时间步长也可以较直接数值模拟更长。对于固定的计算资源来说，大涡模拟与直接数值模拟相比能够计算的雷诺数也更大。

大涡模拟中大尺度的速度可视为在局部空间内过滤函数作用后的一种空间平均，Leonard[61] 给出了过滤过程的一般表达式：

$$\bar{u}_i(x,t)=\iiint G(x-\xi;\varDelta)u_i(\xi,t)\mathrm{d}^3\xi \tag{3-103}$$

其中，$G(x-\xi;\varDelta)$ 代表滤波函数，$\varDelta$ 代表过滤网格的大小，$\bar{u}_i$ 代表求解尺度的滤后速度，亚格子尺度的速度为

$$u_i' = u_i - \bar{u}_i \tag{3-104}$$

滤波函数中，最简单的即 Deardorff[62] 的体积平均函数：

$$\bar{u}_i(x,y,z,t) = \frac{1}{\Delta x \Delta y \Delta z}\int_{x-\frac{1}{2}\Delta x}^{x+\frac{1}{2}\Delta x}\int_{y-\frac{1}{2}\Delta y}^{y+\frac{1}{2}\Delta y}\int_{z-\frac{1}{2}\Delta z}^{z+\frac{1}{2}\Delta z} u(\xi,\eta,\zeta,t)\mathrm{d}\zeta\mathrm{d}\eta\mathrm{d}\xi \tag{3-105}$$

体积平均模型的滤波函数为

$$G(x-\xi;\varDelta) = \begin{cases} 1/\Delta x\Delta y\Delta z, & |x_i-\xi_i| < \Delta x_i/2 \\ 0, & \text{其他情况} \end{cases} \tag{3-106}$$

过滤将需要求解的尺度与需要模化的亚格子尺度分开，将过滤应用于不可压缩 N-S 方程，可以得到

$$\begin{cases} \dfrac{\partial \bar{u}_i}{\partial x_i} = 0 \\ \dfrac{\partial \bar{u}_i}{\partial t} + \dfrac{\partial\left(\overline{u_i u_j}\right)}{\partial x_j} = -\dfrac{1}{\rho}\dfrac{\partial \bar{p}}{\partial x_i} + \nu\dfrac{\partial^2 \bar{u}_i}{\partial x_j \partial x_j} \end{cases} \tag{3-107}$$

其中，与 Reynolds 平均不同的是

$$\bar{u}_i \neq \bar{\bar{u}}_i \tag{3-108}$$

因此，非线性项的表达式应为

$$\overline{u_i u_j} = \bar{u}_i\bar{u}_j + \left(\overline{\bar{u}_i\bar{u}_j} - \bar{u}_i\bar{u}_j\right) + \left(\overline{\bar{u}_i u_j'} + \overline{\bar{u}_j u_i'}\right) + \left(u_i' u_j'\right) \tag{3-109}$$

右边第二项为 Leonard 项，第三项为交叉项 (cross term)，最后一项为亚格子雷诺应力项 (SGS Reynolds stress)。

对这三项进行模化，通常合并为一项：

$$\tau_{ij} = -\left[\left(\overline{\bar{u}_i\bar{u}_j} - \bar{u}_i\bar{u}_j\right) + \left(\overline{\bar{u}_i u_j'} + \overline{\bar{u}_j u_i'}\right) + \left(u_i' u_j'\right)\right] \tag{3-110}$$

可以得到最终的求解方程：

$$\frac{\partial \bar{u}_i}{\partial t} + \frac{\partial(\bar{u}_i\bar{u}_j)}{\partial x_j} = -\frac{1}{\rho}\frac{\partial \bar{p}}{\partial x_i} + \frac{\partial}{\partial x_j}\left(\nu\frac{\partial \bar{u}_i}{\partial x_j} + \tau_{ij}\right) \tag{3-111}$$

大涡模拟中一般采用亚格子模型来近似亚格子应力，在这里只给出 Smagorinsky[63] 最早提出的求解亚格子应力的模型：

$$\tau_{ij} - \frac{1}{3}\tau_{kk}\delta_{ij} = 2\nu_T S_{ij}, \quad S_{ij} = \frac{1}{2}\left(\frac{\partial \bar{u}_i}{\partial x_j} + \frac{\partial \bar{u}_j}{\partial x_i}\right) \tag{3-112}$$

其中，ν_T 称为 Smagorinsky 亚格子尺度涡黏性系数，通常取为

$$\nu_T = (C_s\Delta)^2\sqrt{S_{ij}S_{ij}} \tag{3-113}$$

式中，C_s 为 Smagorinsky 常数。式 (3-113) 为了保证满足不可压缩流体方程对右端项压缩指标则右端项为零，当加入第二项后，左端项也自然为零。Wilcox 将该项并入压强之中，但公式的实质仍然是相同的。

3.3.4 其他

除了上述几种常用的在数值模拟中求解力学问题的方法外，还有一些其他数值模拟方法可供选择，比如直接数值模拟 (DNS)、脱体涡模拟 (DES)、延迟脱体涡模拟 (DDES) 等。虽然这些数值模拟方法对于本文所提及相关力学问题的数值模拟结果更准确，但是其计算效率不高，计算资源消耗大，不适用于海洋能方面的大规模大尺度的数值模拟计算问题，因此在本章节不再详细叙述。

3.4 刚体动力学

本节讨论一般海洋能转换装置的动力学问题。在这个问题中，我们主要把能量转换装置的动力机械系统作为研究对象，譬如风机、水轮机、浮子、摆体等，它们通常可视为刚体，其力学行为均可运用刚体动力学理论来描述。

刚体由密集质点组成，且具有相互约束保持距离不变的特殊质点系，是刚硬物体的抽象。在工程技术中，对于变形很小的物体或者虽有变形但不影响整体运动的物体，都可以简化为刚体。对于动力机械系统，其刚体运动可分解为质心的运动和相对质心的转动 [64]，运动方程如下：

$$\begin{cases} m\boldsymbol{a} = \boldsymbol{F} \\ \boldsymbol{I}_c\boldsymbol{a}_\Omega + \boldsymbol{\Omega}\times(I_c\boldsymbol{\Omega}) = \boldsymbol{M} \end{cases} \tag{3-114}$$

式中，m 为系统的质量，$\boldsymbol{a}$ 是质心平移运动的加速度矢量，$\boldsymbol{\Omega}$ 和 $\boldsymbol{a}_\Omega$ 是系统相对质心转动的角速度和角加速度矢量，$\boldsymbol{I}_c$ 是系统对质心的惯量张量，是描述刚体质量分布规律的物理量，它是一个三阶矩阵，$\boldsymbol{F}$ 和 $\boldsymbol{M}$ 是作用于系统的外部合力和合力矩矢量。

对于不同的动力机械系统，运动方程 (3-114) 有不同的表现形式。例如，双浮子垂荡式点吸收波浪能发电装置，该装置依靠漂浮子和悬浮子之间的相对垂荡运动带动发电机发电，其力学行为运用方程 (3-114) 第一式描述：

漂浮子：

$$m_F a_F = (F_z)_F + F_{\mathrm{PTO}} \tag{3-115}$$

悬浮子：

$$m_R a_R = (F_z)_R - F_{\text{PTO}} \tag{3-116}$$

在这里，m_F 和 m_R 分别是漂浮子和悬浮子的质量，a_F 和 a_R 是各自的垂荡运动加速度，$(F_z)_F$ 和 $(F_z)_R$ 是它们各自受到的流体水动力，包括静水回复力、波浪力等，F_{PTO} 代表发电装置施加于漂浮子和悬浮子上的运动阻力。

对于风机、水轮机或摆式波浪能发电机等装置，它们均依靠机械动力系统的定轴转动带动发电机发电，其力学行为应该运用方程 (3-114) 第二式来描述：

$$I_O \boldsymbol{a}_\Omega + \boldsymbol{\Omega} \times (I_O \boldsymbol{\Omega}) = \boldsymbol{M}_{\text{fd}} + \boldsymbol{M}_{\text{PTO}} \tag{3-117}$$

上式即系统绕定轴 O 转动的运动方程，I_O 是系统对定轴 O 的转动惯量，$\boldsymbol{M}_{\text{fd}}$ 是系统受到相对轴 O 的流体动力矩，$\boldsymbol{M}_{\text{PTO}}$ 是发电装置施加于系统的阻力矩。

3.5　结构动力学

海洋能发电装置如风机、潮流能水轮机、波浪能发电装置，在工作过程中不仅受到静载荷而且还承受随时间变化的动载荷，比如冲击载荷、风载荷、波浪载荷、地震载荷等。结构在动载荷作用下将发生变形和振动，称为动力响应。研究结构动力响应可为评估其系统在环境中的安全性和可靠性提供坚实的理论基础。根据结构的功能不同和所处的环境不同，工程结构振动也可以分为：线性振动、非线性振动和随机振动。

3.5.1　建立系统运动方程的综述性方法

对结构进行动力分析的目的主要是求解动载荷作用下的结构动力响应，也就是随时间变化的动位移和动应力历程。在大多数情况下，应用包含有限个自由度的近似方法就足够精确了。因此，只需要求出选定的位移分量的时间历程即可。

描述结构系统动力位移的数学表达式称为结构的运动方程，建立运动方程是分析结构响应的最重要的环节，同时也是最困难的环节。运动方程和采用的力学模型有关，虽然有许多种方法可以建立系统的运动方程，但是，计算结果是一致的。下面将介绍几种常用的建立运动方程的方法。

1) 利用达朗贝尔原理直接平衡法

任何动力体系的运动方程都可以代表牛顿的第二运动定律，即任何质量 m 的动量变化率等于作用在这个质量上的力，可以用微分方程表达如下：

$$P(t) = \frac{\mathrm{d}}{\mathrm{d}t}\left(m\frac{\mathrm{d}y(t)}{\mathrm{d}t}\right) \tag{3-118}$$

其中，$P(t)$ 表示作用力，$y(t)$ 表示质量 m 的位置。对于大多数的结构动力学问题，

可以认为质量不随时间的变化，因此方程 (3-118) 可以改写为

$$P(t) = m\frac{\mathrm{d}^2 y(t)}{\mathrm{d}t^2} = m\ddot{y}(t) \tag{3-119}$$

其中，$m\ddot{y}(t)$ 一般被称为抵抗质量加速度的惯性力。在达朗贝尔原理中，质量所产生的惯性力，与加速度成正比，但是与加速度方向相反。由于它可以把运动方程表示为动力平衡方程，因此该方法叫做直接平衡法，力 $P(t)$ 包括多种作用在质量上的力，包括抵抗位移的弹性约束力、抵抗速度的黏滞力以及外部干扰力。对于许多简单问题，该方法可以比较方便地建立运动方程。

2) 虚位移原理建立运动方程

如果结构体系比较复杂，系统的自由度比较多，并且各个质点之间包含许多彼此的联系，则直接写系统内所有质点的平衡方程比较困难，此时可以运用虚位移原理来建立运动方程。

虚位移原理可以表示如下：如果一个平衡体系在一组力的作用下发生虚位移，即体系约束所准许的任何微小位移，则这些力所做的总功为零。按照这一原理，虚位移上所做的总功等于零，和作用于系统上的力的平衡是等价的。因此，在建立振动系统方程时，首先对于质量施加包括惯性力在内的所有力，然后引入响应于每个自由度的虚位移，并使所做的虚功等于零，这样就可以得到运动方程。假设每个质点发生符合约束的虚位移为 δr_i，则全部力所做的总虚功为

$$\delta W = \sum_{i=1}^{N} (F_{pi} + F_{Ri} - m_i\ddot{r}_i) \cdot \delta r_i = 0 \tag{3-120}$$

3) 利用拉格朗日方程建立运动方程

考察一个由 N 个质点组成的系统，各质点相对于惯性参考系的直角坐标为 $x_1, x_2, x_3, \cdots, x_{3N}$，系统的动能可以根据式 (3-121) 计算得到，其中 $m_1 = m_2 = m_3$ 是第一个质点的质量，依次类推。系统具有 L 个完整约束，系统的自由度为 n，假定系统的位形可以由一组独立的广义坐标 $q = (q_1, q_2, q_3, \cdots, q_n)$ 来描述。

$$T = \frac{1}{2}\sum_{i=1}^{3N} m_i \dot{x}_i^2 \tag{3-121}$$

可以将动力学方程 (3-120) 表示成直角坐标形式，如下：

$$\sum_{i=1}^{3N} (F_{xi} - m_i\ddot{x}_i)\delta x_i = 0 \tag{3-122}$$

根据坐标变换式 (3-123)，将方程式 (3-122) 进行适当的推演，并考虑广义虚位移 δq_j 的任意性，对每一广义位移 δq_j，都可以建立下面的拉格朗日方程 (3-124)

$$x_i = x_i(q_1, q_2, q_3, \cdots, q_n, t) \quad (i = 1, 2, 3, \cdots, 3N) \tag{3-123}$$

$$\frac{\mathrm{d}}{\mathrm{d}t}\left(\frac{\partial T}{\partial \dot{q}_j}\right)-\frac{\partial T}{\partial q_j}=F_{qj}\quad (j=1,2,3,\cdots,n) \tag{3-124}$$

如果系统是保守力系统，那么系统的势函数可以用广义坐标表示：$V=V(q_1,q_2,q_3,\cdots,q_n)$。引入拉格朗日函数 $L(q,\dot{q},t)=T(q,\dot{q},t)-V(q,t)$，可以将拉格朗日方程 (3-124) 写成如下形式：

$$\frac{\mathrm{d}}{\mathrm{d}t}\left(\frac{\partial L}{\partial \dot{q}_j}\right)-\frac{\partial L}{\partial \dot{q}_j}=0\quad (j=1,2,3,\cdots,n) \tag{3-125}$$

4) 哈密顿原理建立振动方程

采用哈密顿原理建立振动方程，是采用变分原理来描述系统的运动。这种方法是从整体上研究系统的运动，通过使用某一积分取驻值的条件，在位形空间上寻找系统运动的真实路径。哈密顿原理可以表达如下：

$$\int_{t_1}^{t_2}\delta(T-V)\mathrm{d}t+\int_{t_1}^{t_2}\delta W_{\mathrm{nc}}\mathrm{d}t=0 \tag{3-126}$$

其中，T 为体系的动能，V 为体系的位能，主要包括应变能和任何保守外力的势能，W_{nc} 为作用在体系上的非保守力 (包括阻尼力和外载荷) 所做的功，δ 为在指定时间内所取的变分。

哈密顿原理说明：在任何时间区间 t_1 到 t_2 内，动能和位能的变分加上所考虑的非保守力所做的功的变分为零。应用这个原理可以直接导出任何给定的系统运动方程。这个方法和虚功原理的区别在于，在该方法中不使用惯性力和弹性力，而是用动能和位能代替。因此，该运动方程是纯粹的标量计算。从哈密顿原理可以导出拉格朗日第二类方程，因此哈密顿原理是更为一般的动力学原理，尤其是对于像有限单元法这样以能量变分原理为基础的数值方法来说，利用哈密顿原理来建立运动方程更加方便。

3.5.2　线性结构系统的振动分析方法

1) 单自由度系统振动方程建立

承受动力载荷作用的任何单自由度系统均可以由图 3-6 所示的模型代表。其中，m 为质点的质量 (kg)，k 表示弹簧的刚度 (N/m)，c 表示黏性阻尼系数 (N·s/m)，$p(t)$ 为干扰力。根据竖向力平衡，可以直接写出单自由度系统的运动方程：

$$m\ddot{y}+c\dot{y}+ky=p(t) \tag{3-127}$$

在这里，弹性回复力，$f_s=ky$，与位移方向相反；阻尼力，$f_D=c\dot{y}$，与速度方向相反；惯性力，$f_1=m\ddot{y}$，与加速度方向相反；干扰力为 $p(t)$。

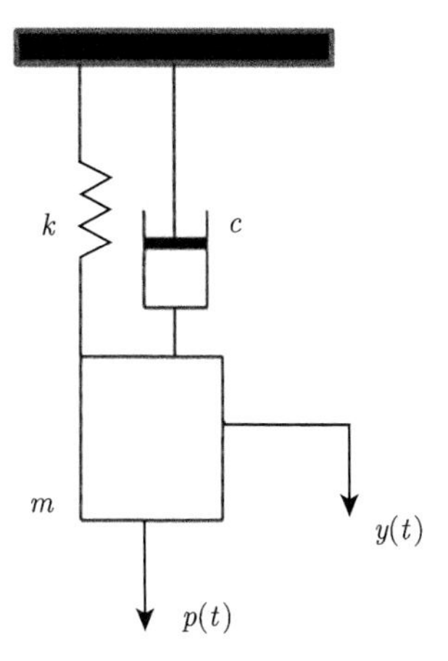

图 3-6 单自由度系统

如果令方程 (3-127) 中的干扰力和阻尼力都等于零，并且每项都除以 m，可以得到

$$\ddot{y}+\lambda^2 y=0 \tag{3-128}$$

$$\lambda^2=k/m \tag{3-129}$$

其中，λ 为结构的固有频率，仅与系统的刚度和质量有关，与初始条件无关，因此称为固有频率或者圆频率。对于有阻尼的系统结构的固有频率，$\lambda_d=\sqrt{1-\zeta^2}\lambda$，$\zeta$ 为无量纲阻尼比，$\zeta=\dfrac{c}{2m\lambda}$。

2) 多自由度系统振动方程建立

对于实际的结构工程中，一个单自由度模型不能准确地描述结构的动力响应，必须通过多个自由度坐标来描述，比如研究风机叶轮和风机塔架的系统的结构动力响应，自由度则比较多。海洋工程中使用的导管架平台，如果将其结点位移作为自由度来描述结构的振动，则平台具有更多的自由度。

本书不再详细推导多自由度系统的动力响应方程的建立过程，直接给出如下：

$$M\ddot{Y}+C\dot{Y}+KY=P(t) \tag{3-130}$$

其中，

$$F_s=KY$$
$$F_D=C\dot{Y}$$
$$F_1=M\ddot{Y}$$

式中，F_s 表示弹性恢复力，K 为结构的刚度矩阵，为 $n\times n$ 的方阵，其中，元素 K_{ij} 称为刚度系数。K_{ij} 定义为 j 坐标处发生单位位移时，在第 i 坐标处所产生的弹性恢复力。假设系统的阻尼是黏性的或者可以简化为等效黏性阻尼，则阻尼力与速度 $\dot{Y}$ 成正比，即 $F_D = C\dot{Y}$。C 为阻尼系数矩阵，C_{ij} 为阻尼系数，定义为在 j 坐标发生单位速度时，在第 i 坐标处所产生的阻尼力；$\dot{Y}$ 为广义振动速度列。F_1 是惯性力，M 为质量矩阵。

去掉方程 (3-130) 中的阻尼项和干扰项，得到 n 个无阻尼系统自由振动方程：

$$M\ddot{Y} + KY = 0 \tag{3-131}$$

在特定的初始条件下，系统按照同一频率作简谐运动，此时有

$$Y = \boldsymbol{A}\sin(\lambda t + \phi) \tag{3-132}$$

其中，λ 为无阻尼固有振动频率；$\boldsymbol{A}$ 为振幅矢量，$\boldsymbol{A}=[A_1 \quad A_2 \quad \cdots \quad A_n]$；$\phi$ 为相位角。将式 (3-132) 代入式 (3-131) 中，可以得到

$$(K - \omega^2\boldsymbol{M})\boldsymbol{A} = 0 \tag{3-133}$$

在齐次代数方程组中，ω 为系统的动力学参数 M 和 K 的特征参量，仅根据式 (3-133) 不能求出 $\boldsymbol{A}$ 的具体值，但是 $\boldsymbol{A}$ 具有非零解的条件是方程 (3-133) 的系数行列式为零。

$$\left|K - \lambda^2 M\right| = 0 \tag{3-134}$$

式 (3-134) 可以称为固有频率方程，对于具有 n 个自由度的系统，可以得到 λ^2 的 n 次方程，K 和 M 是正定矩阵，因此可以求解得到 n 个正的实根，依次为 $\lambda_1, \lambda_2, \lambda_3, \cdots, \lambda_i, \cdots, \lambda_n$，其中最小的称为基本频率。

求出固有频率之后，将其代入方程 (3-133) 中，每个固有频率 λ_i 对应一个方程：

$$(K - \lambda_i^2 M)A^{(i)} = 0 \tag{3-135}$$

利用上式可以确定 $A^{(i)}$ 中的各个元素 $A_1^{(i)}, A_2^{(i)}, A_3^{(i)}, \cdots, A_n^{(i)}$ 的相对值，于是 $A^{(i)}$ 便表征了系统作简谐振动时系统的变形形式，称此变形形式为第 i 个振型，$A^{(i)}$ 为第 i 个振型向量。需要注意的是，振动系统振型之间具有正交性质，进而在求解过程中可以满足方程简化的要求，本书篇幅有限，对振型的正交特性不再证明。

3) 模态叠加法求解系统的结构振动响应

结构振动响应计算时，一般采用两种方法，直接法和模态叠加法。直接法是指不求解固有振动特性而通过求解振动方程而得到振动响应的方法。模态叠加法需要首先求解结构的固有振动特性，然后再求解结构的振动响应。一般直接法适合求解自由度比较少、作用载荷为同频率简谐形式的结构，模态叠加法可以用于大型结构系统的动力响应计算。

模态叠加法可以计算无阻尼和有阻尼系统的振动响应，实质上是利用振型的正交性进行坐标变换，将求多自由度系统响应稳态变换为求模态坐标表示的单自由度系统响应稳态，然后求解相互独立的以模态坐标表示的微分方程。将方程 (3-126) 中的阻尼项去掉，得到了无阻尼系统的强迫振动方程：

$$M\ddot{Y}+KY=P(t) \tag{3-136}$$

根据振型的正交性可知，振型构成了 n 个独立的位移，振型的幅值可以作为广义坐标以表示任意形式的位移。振型有着类似于三角函数的功能，由于它们之间存在着关于刚度矩阵和质量矩阵的正交性，因此可以有效地表达位移，取前几项就可以达到良好的近似特性。如图 3-7 所示，对应的三个振型位移分量的叠加可以表示其位移曲线。

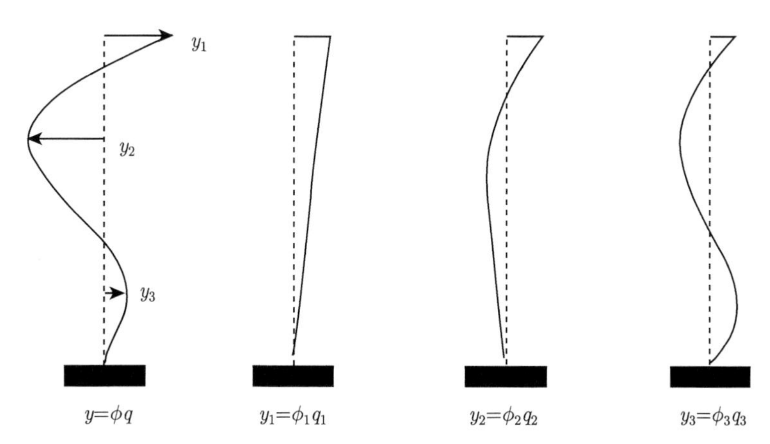

图 3-7 三个振型位移分量的分解图

对于任何振型 i 的位移矢量 Y_i 可以由振型矢量 ϕ_i 乘以广义坐标 q_i 得到，如下：

$$Y_i=\phi_i q_i \tag{3-137}$$

然后通过振型分量位移的叠加可以得到总体的位移：

$$Y=\phi_1 q_1+\phi_2 q_2+\cdots+\phi_i q_i+\phi_2 q_2+\cdots+\phi_n q_n=\sum_{i=1}^{n}\phi_i q_i \tag{3-138}$$

用矩阵表示为

$$Y=\Phi q \tag{3-139}$$

其中，$\Phi=[\phi_1,\phi_2,\phi_3,\cdots,\phi_n], q=[q_1,q_2,q_3,\cdots,q_n]$。

广义坐标 q 通过振型 Φ 转换成几何坐标 Y，q 坐标称为结构系统的主坐标或者振型坐标、模态坐标。将式 (3-138) 代入 MCK 运动方程 (3-136) 中，并且左边乘以第 i 个振型的转置 ϕ_i^{T}，可以得到如下方程：

$$\phi_i^{\mathrm{T}} M\Phi\ddot{q} + \phi_i^{\mathrm{T}} K\Phi q = \phi_i^{\mathrm{T}} P(t) \tag{3-140}$$

由振型的正交条件可知，只有相同的振型相乘为 1，其他振型相乘为零，因此结果为

$$\ddot{q} + \lambda_i^2 q = p_i(t) \quad (i = 1, 2, \cdots, n) \tag{3-141}$$

其中，$\phi_i^{\mathrm{T}} P(t) = p_i(t)$

对于结构的每个振型，都可以采用上述方法求得用主坐标 q 表达的振动方程。因此，对于耦合的振动方程组，可以依次得到 n 个独立的振动方程，通过分别求出主坐标响应，按照式 (3-137) 进行叠加，可以得到几何坐标系统下的完整运动响应。按照该方法进行求解振动响应的方法，称为模态叠加法。该方法已经广泛地应用于大型结构系统振动响应的计算，此外，许多结构动力学计算软件均采用该方法对结构进行动力响应分析。

4) 非线性系统的振动响应分析

前面介绍的全是单自由度、多自由度和大型复杂结构线性系统的求解方法，但是振动问题存在着大量的非线性问题，当微分方程中除了出现函数 x 及其导数 $\dot{x}$、$\ddot{x}$ 外，还出现它们的高次项时，方程出现非线性特性。一般海洋能发电装置的非线性问题来自结构本身和环境干扰非线性两个方面。

(1) 结构本身的非线性：结构由弹性工作状态进入弹塑性工作状态后，结构的总体刚度会降低，结构的阻尼也会发生变化，这种考虑结构弹塑性效应和小范围损失的动力分析也是非线性结构响应问题。此外，结构的构造形式和工作特点决定了其在海洋中的振动具有非线性，例如，柔顺式结构的恢复力是非线性的，海洋工程中的系泊系统也是非线性的。

(2) 环境导致的非线性：主要指风暴、潮流、海冰和波浪等环境载荷对海洋工程结构的作用具有非线性的特点，进而引起的非线性结构振动。

由于篇幅有限，针对非线性系统的解析方法不再详细论述，读者可以参考其他相关船舶与海洋工程结构物非线性振动计算资料。

3.5.3　动力响应计算的数值方法

本节将主要介绍线性系统和非线性系统运动方程的数值解法，也就是直接求解微分方程得到结构的动力响应方法。目前，比较常用的数值分析方法有：龙格–库塔法 (Runge-Kutta)、有限差分法、Houbolt 法、纽马克 β 法、威尔逊 θ 法和增量法。本节针对有限差分法详细展开其求解过程，其他方法不再赘述。

有限差分法可以求解线性和非线性的微分方程。在结构响应分析中，一般认为阻尼矩阵和质量矩阵是常量矩阵，仅考虑恢复力是非线性的，也就是说刚度矩阵是和位移有关的，是变化的。因此，在计算过程中，每迭代一步，需要重新计算当前的刚度矩阵，进而进行下一步的计算。对结构进行有限元离散后，初始振动方程为

$$M\ddot{u}+C\dot{u}+Ku=F(t) \tag{3-142}$$

其中，参数的意义和前文中提到的一样。所谓差分法，就是运用位移的线性组合来近似表示速度和加速度。将时间 T 分成很多段等分的时间步长 Δt，记为

$$u_{t+\Delta t}=u_{t+1},\quad u_t=u_i,\quad u_{t-\Delta t}=u_{i-1} \tag{3-143}$$

将位移函数按照泰勒级数展开：

$$u_{i+1}=u_i+\dot{u}_i\Delta t+\frac{1}{2}\ddot{u}_i\Delta t^2+\cdots,\quad u_{i-1}=u_i-\dot{u}_i\Delta t+\frac{1}{2}\ddot{u}_i\Delta t^2+\cdots \tag{3-144}$$

将式 (3-143) 和式 (3-144) 相减，并且省去高阶小量，可以得到以三点 $(i-1，i，i+1)$ 位移的中心差分近似表示 t 时刻的速度和加速度。

$$\begin{cases}\dot{u}_i=\dfrac{1}{2\Delta t}(u_{i+1}-u_{i-1})\\[2mm] \ddot{u}_i=\dfrac{1}{\Delta t^2}(u_{i+1}-2u_i+u_{i-1})\end{cases} \tag{3-145}$$

令 t 时刻的位移、加速度和速度均满足该时刻的 MCK 运动方程，并将式 (3-145) 代入运动方程中整理可以得到

$$M^*u_{i+1}=F_i^* \tag{3-146}$$

其中，

$$\begin{cases}M^*=\dfrac{1}{\Delta t^2}M+\dfrac{1}{2\Delta t}C\\[2mm] F_i^*=F_i-\left[K(t)-\dfrac{2}{\Delta t^2}M\right]u_i-\left(\dfrac{1}{\Delta t^2}M-\dfrac{1}{2\Delta t}C\right)u_{i-1}\end{cases}$$

如果已知 $i-1$ 点和 i 点的位移，则可以求出 $i+1$ 点的位移，同时可以求出 $\dot{u}_i$ 和 $\ddot{u}_i$。该方法是通过已知前两步的位移求得第三步位移，称为两步法。两步法存在如何起步的问题，因为只能给出 u_0 和 $\dot{u}_0$，却不知道 u_{-1}，为此，可以从 t_0 时刻的位移函数的泰勒级数展开式中解出：

$$u_{-1}=u_0-\Delta t\dot{u}_0+\frac{1}{2}\Delta t^2\ddot{u}_0 \tag{3-147}$$

中心差分法具体的求解过程可分为如下步骤：

1. 计算 u_{i-1}

(1) 首先，形成刚度矩阵、质量矩阵和阻尼矩阵；

(2) 初始值 u_0、$\dot{u}_0$ 和 $\ddot{u}_0$；

(3) 选择时间步长 Δt，$\Delta t < \Delta t_{\mathrm{cr}}$，$\Delta t_{\mathrm{cr}}$ 为临界步长，计算如下积分常数：

$$a_0 = \frac{1}{\Delta t^2}, \quad a_1 = \frac{1}{2\Delta t}, \quad a_2 = 2a_0, \quad a_3 = \frac{1}{a_2}$$

(4) 按照前面给出的式子计算 u_{-1}；

(5) 计算有效质量矩阵 $M^* = a_0 M + a_1 C$；

(6) 进行三角分解 $M^* = LDL^{\mathrm{T}}$。

2. 计算每个时间步的响应

(1) t 时刻的有限载荷计算

$$F_i^* = F_i + [K(t) - a_2 M]u_i - (a_0 M - a_1 C)u_{i-1}$$

(2) $t + \Delta t$ 时刻的位移计算

$$LDL^{\mathrm{T}} u_{i+1} = F_i^*$$

(3) t 时刻的速度和加速度计算

$$\begin{cases} \ddot{u}_i = a_0(u_{i+1} - 2u_i + u_{i-1}) \\ \dot{u}_i = a_1(u_{i+1} - u_{i-1}) \end{cases}$$

值得注意的是，对于非线性系统，在计算每一步载荷向量时，都需要改变刚度矩阵。中心差分法收敛稳定是有条件的，其对步长的限制为

$$\Delta t \leqslant \Delta t_{\mathrm{cr}} = T_N/\pi$$

其中，T_N 是结构系统的最小周期。

3.6 波浪理论

波浪通常指具有自由表面的液体的局部质点受到扰动后，离开原来的平衡位置而作周期性起伏运动，并向四周传播的现象。海洋中存在着各种各样的波浪，例如，由风引起的风波、船舶在海面上航行产生的船行波、海底地震引发的海啸、太阳和月亮的引力场引起的潮汐波等。这些波动形成的原因虽然不同，但是其物理本质都是一样的，即惯性力与重力、表面张力之间的动态平衡。

通常可以把波浪分成线性波和非线性波，规则波和不规则波，单向波和多向波等。本小节侧重于介绍波浪的数学描述，但应该注意到，还没有一种数学理论能够精确地描述波浪的所有性质，各种波浪理论只是在一定程度上对实际现象的简单近似。按本书的宗旨，讨论了最简单的艾里 (Airy) 波浪理论，即线性波浪理论，而且还介绍了两种非线性波：二阶斯托克斯波和孤立波。除此之外，不规则波的概念及其应用也均有涉及。

3.6.1 线性规则波

我们知道，水的黏性会使波浪运动逐渐衰减并最终消失。实际上，这种衰减极其缓慢以至于可以忽略黏性的影响。即使有影响，也仅局限于水底附近很薄的边界层内。因此，波浪理论中均假定水是不可压缩的理想流体，不计表面张力，其运动是无旋的。这样可以在势流理论的框架内讨论波浪问题。

取水在静止状态时的自由面为 xOy 平面，z 轴垂直向上。对于不可压缩理想流体的无旋运动，流场存在速度势 $\varphi(x,y,z,t)$，它满足 Laplace 方程：

$$\nabla^2\varphi(x,y,z,t)=0 \quad (\text{在流域内}) \tag{3-148}$$

假定水深 h 为常数，水底是平底。在静止的底面 $z=-h$ 上，流体不可穿透，应有

$$\frac{\partial\varphi}{\partial n}=\frac{\partial\varphi}{\partial z}=0 \quad (z=-h) \tag{3-149}$$

接下来讨论自由面上的边界条件。表面波的边界条件包括运动学条件和动力学条件。所谓运动学条件是指自由面上的流体质点恒在自由面上。设自由面上任一流体质点的位移是 $x=x(t)$，$y=y(t)$，$z=z(t)$，用 $F(x,y,z,t)=0$ 表示 t 时刻自由面的方程，则运动学条件的数学表达式为

$$F\left[x(t),y(t),z(t),t\right]\equiv 0 \tag{3-150}$$

将式 (3-150) 两边对时间 t 进行求导，可得

$$\frac{\partial F}{\partial x}\cdot\frac{\mathrm{d}x}{\mathrm{d}t}+\frac{\partial F}{\partial y}\cdot\frac{\mathrm{d}y}{\mathrm{d}t}+\frac{\partial F}{\partial z}\cdot\frac{\mathrm{d}z}{\mathrm{d}t}+\frac{\partial F}{\partial t}=\frac{\mathrm{d}F}{\mathrm{d}t}=0 \tag{3-151}$$

显然 $\mathrm{d}x/\mathrm{d}t$、$\mathrm{d}y/\mathrm{d}t$、$\mathrm{d}z/\mathrm{d}t$ 是流体质点在三个自由度上的运动速度，它们应该等于速度势梯度 $\nabla\varphi$ 的三个分量 $\partial\varphi/\partial x$、$\partial\varphi/\partial y$、$\partial\varphi/\partial z$，这样式 (3-151) 可改写为

$$\frac{\partial F}{\partial x}\cdot\frac{\partial\varphi}{\partial x}+\frac{\partial F}{\partial y}\cdot\frac{\partial\varphi}{\partial y}+\frac{\partial F}{\partial z}\cdot\frac{\partial\varphi}{\partial z}+\frac{\partial F}{\partial t}=0 \quad (\text{在}F=0\text{上}) \tag{3-152}$$

可以将自由面方程式 (3-150) 用波面起伏的显式表示，即

$$z(t)=\eta\left[x(t),y(t),t\right] \tag{3-153}$$

将式 (3-153) 应用于式 (3-152)，便可得到自由面上的运动学条件：

$$\frac{\partial \varphi}{\partial z}=\frac{\partial \eta}{\partial t}+\frac{\partial \eta}{\partial x}\cdot\frac{\partial \varphi}{\partial x}+\frac{\partial \eta}{\partial y}\cdot\frac{\partial \varphi}{\partial y}\quad (\text{在} z=\eta(x,y,t)\text{上}) \tag{3-154}$$

在线性理论的范围内，讨论的都是微幅波，即波幅远小于波长的情况，同时假定流体质点运动速度也是小量。这时上式中 η_x、η_y、φ_x、φ_y 都可以认为是一阶无穷小，它们的乘积就是二阶无穷小，可以略去不计，由此可得线性自由面运动学条件：

$$\frac{\partial \varphi}{\partial z}=\frac{\partial \eta}{\partial t}\quad (\text{在} z=\eta(x,y,t)\text{上}) \tag{3-155}$$

上述条件在自由面 $z=\eta(x,y,t)$ 上成立，但是自由面位置往往是未知的，该条件不方便应用。因此，将上式左端 $\partial\varphi/\partial z$ 在 $z=0$ 处展开成泰勒级数：

$$\left.\frac{\partial \varphi}{\partial z}\right|_{z=\eta}=\left.\frac{\partial \varphi}{\partial z}\right|_{z=0}+\left.\frac{\partial^2 \varphi}{\partial z^2}\right|_{z=0}\cdot\eta+\frac{1}{2}\cdot\left.\frac{\partial^3 \varphi}{\partial z^3}\right|_{z=0}\cdot\eta^2+\cdots \tag{3-156}$$

由于 $\eta(x,y,t)$ 是一阶无穷小，式 (3-156) 右端除了第一项外其余项都是高阶无穷小，由此，它们的和显然是一个二阶无穷小，故只保留第一项。这样便可以得到在静水面 $z=0$ 上的运动学条件：

$$\frac{\partial \varphi}{\partial z}=\frac{\partial \eta}{\partial t}\quad (\text{在} z=0\text{上}) \tag{3-157}$$

用伯努利方程描述自由面上的动力学条件，假设大气压力在自由面上处处相同，则有

$$\eta=-\frac{1}{g}\left(\frac{\partial \varphi}{\partial t}+\frac{1}{2}\nabla\varphi\cdot\nabla\varphi\right)\quad (\text{在} z=\eta\text{上}) \tag{3-158}$$

同样，在 $z=0$ 处用泰勒展开，并略去高阶量，则可以得到线性动力学条件：

$$\eta=-\frac{1}{g}\cdot\frac{\partial \varphi}{\partial t}\quad (\text{在} z=0\text{上}) \tag{3-159}$$

利用式 (3-157) 和式 (3-159) 消去 η，就可以得到速度势 $\varphi(x,y,z,t)$ 应满足的线性自由面条件：

$$\frac{\partial^2 \varphi}{\partial t^2}+g\frac{\partial \varphi}{\partial z}=0\quad (z=0) \tag{3-160}$$

在这里，只讨论单色的平面进行波，即 Airy 波。它沿单一方向传播，具有无限长的波峰线，在与传播方向平行的任意平面内波形均是相同的正弦或余弦函数曲线。不作推导，满足控制方程 (3-148)、水底条件 (3-149) 和自由面条件 (3-160) 的线性平面进行波的速度势为

$$\varphi=\frac{gA}{\omega}\cdot\frac{\cosh\left[k_0(z+h)\right]}{\cosh(k_0 h)}\cdot\sin\left[k_0(x\cos\beta+y\sin\beta)-\omega t\right] \tag{3-161}$$

其中，g 为重力加速度，A 为波幅，$\omega=2\pi/T$ 为波浪圆频率，T 为对应的波浪周期，β 为进行波传播方向与 x 轴正向的夹角，$k_0=2\pi/\lambda$ 为波数，λ 为波长，并且满足色散关系式：

$$\omega^2=gk_0\tanh(k_0h) \tag{3-162}$$

根据式 (3-161) 和式 (3-159)，可知平面进行波的波形表达式为

$$\eta=A\cos\left[k_0(x\cos\beta+y\sin\beta)-\omega t\right] \tag{3-163}$$

任意时刻 t 的波形是余弦曲线 (图 3-8)，波峰与波谷之间的距离称为波高 H，显然 $H=2A$。由上式不难得到波形的传播速度，即相速度为

$$c=\frac{\omega}{k_0}=\frac{\lambda}{T} \tag{3-164}$$

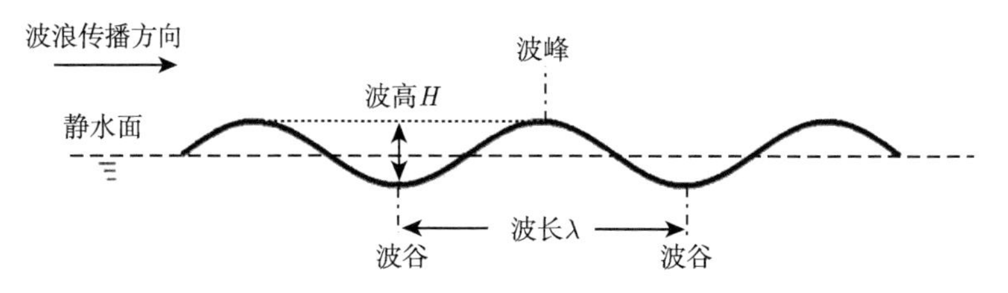

图 3-8 Airy 波形示意图

由式 (3-161) 可求得平面进行波流体质点的速度：

$$u=\frac{\partial\varphi}{\partial x}=A\omega\cos\beta\frac{\cosh\left[k_0(z+h)\right]}{\sinh(k_0h)}\cos\left[k_0(x\cos\beta+y\sin\beta)-\omega t\right] \tag{3-165}$$

$$v=\frac{\partial\varphi}{\partial y}=A\omega\sin\beta\frac{\cosh\left[k_0(z+h)\right]}{\sinh(k_0h)}\cos\left[k_0(x\cos\beta+y\sin\beta)-\omega t\right] \tag{3-166}$$

$$w=\frac{\partial\varphi}{\partial z}=A\omega\frac{\sinh\left[k_0(z+h)\right]}{\sinh(k_0h)}\sin\left[k_0(x\cos\beta+y\sin\beta)-\omega t\right] \tag{3-167}$$

根据水深与波长的比值，可将平面进行波分为三类：浅水波、有限深水波和无限深水波。当 $h/\lambda<1/20$ 时，为浅水波，当 $1/20<h/\lambda<1/2$ 时，为有限深水波，当 $h/\lambda>1/2$ 时，为无限深水波。

根据麦考密克 [65] 等的推导，单位面积内平面进行波总能量为波动流体的动能与位能之和，即

$$E_0=E_k+E_p=\frac{1}{8}\rho gH^2 \tag{3-168}$$

其中，ρ 为流体密度，H 为波高。式 (3-168) 表明进行波的总能量与波高的平方成正比而与水深和时间无关。同时，动能和位能是相等的，即有

$$E_k=E_p=\frac{1}{16}\rho gH^2 \tag{3-169}$$

任取一个与进行波传播方向垂直的平面，则一个波浪周期内单位波峰宽度的进行波通过该平面的能量应等于该平面上的压力对流体所做的功。在一个波浪周期内该压力做的功为

$$\begin{aligned} W &= \int_{-h}^{0} \mathrm{d}z \int_{0}^{T} pu\mathrm{d}t = \int_{-h}^{0} \mathrm{d}z \int_{0}^{T} \left(p_0 - \rho gz - \rho\frac{\partial\varphi}{\partial t}\right)\frac{\partial\varphi}{\partial x}\mathrm{d}t \\ &= \frac{1}{16}\rho gH^2\lambda + \frac{\pi\rho ghH^2}{4\sin h(2k_0h)} \end{aligned} \tag{3-170}$$

由此，一个周期内所做的平均功率是

$$W_0 = \frac{W}{T} = \frac{1}{8}\rho gH^2 \cdot \frac{c}{2}\left[1 + \frac{2k_0h}{\sinh(2k_0h)}\right] = E_0c_{\mathrm{g}} \tag{3-171}$$

式中，$c_{\mathrm{g}} = \dfrac{c}{2}\left[1 + \dfrac{2k_0h}{\sinh(2k_0h)}\right]$ 为平面进行波的群速度，即波浪能转移速度等于波的群速度。对于无限水深进行波，群速度 $c_{\mathrm{g}} = c/2$，即能量转移速度为波形传播速度的一半，而对于浅水波，$c_{\mathrm{g}} = c$。

当频率和波幅均相同、振动方向一致、传播方向相反的两个平面进行波相遇后会叠加形成一个平面驻波。该波的波形并不向前推进，即外观波形并无明显的前后移动趋势，看起来就像驻留在原处一样，故称为驻波，其速度势和波面方程为

$$\varphi = \frac{gA\cos h\left[k_0(z+h)\right]}{\omega\cosh(k_0h)}\sin(k_0x)\cos(\omega t) \tag{3-172}$$

$$\eta = A\sin(k_0x)\sin(\omega t) \tag{3-173}$$

由式 (3-173) 可知，驻波的波面在空间上是正弦曲线，它随时间以圆频率 ω 在 0 到 A 之间作周期性的上下振动，A 是驻波的波幅，亦称为振幅，其周期、波长、波数都与叠加之前的平面进行波一致。

驻波常发生于有界或半无界流体域内，例如，盛有流体的矩形容器倾斜后再迅速恢复原位，则液体呈驻波运动。在海洋中，海上传来的进行波遇到垂直的堤岸后反射回去，由于反射波相位与来波相反，因此它与来波叠加后也会形成驻波。

3.6.2　非线性规则波

3.6.1 节中讨论的平面进行波是线性波，它满足的是线性化的自由面条件，即式 (3-160)。当考虑非线性效应时，应该考虑非线性的自由面条件。为了达到这一目的，通常还是从运动学条件式 (3-154) 和动力学条件式 (3-158) 出发，适当多取泰勒展开式中的项数，得出相应阶数的非线性自由面条件。这里需要指出的是，泰勒展开的方法仍是基于微幅波假设，因此其只适用于处理弱非线性问题，对于波陡较大的强非线性波，上述方法是不适用的。本节只介绍两种非线性波模型：二阶斯托克斯波和孤立波。

1. 二阶斯托克斯波

将运动学条件式 (3-154) 和动力学条件式 (3-158) 在静水面上展开成泰勒级数，保留至二阶量，略去二阶以上的高阶量，便可得到二阶自由面条件。为了讨论方便，不妨设波浪传播方向沿 x 轴正向，不作推导，直接给出满足该自由面条件的平面进行波的速度势 [66]：

$$\begin{aligned}\varphi =&\frac{gA}{\omega}\cdot\frac{\cosh\left[k_0(z+h)\right]}{\cosh(k_0h)}\cdot\sin\left(k_0x-\omega t\right)\\&+\frac{3}{4}\cdot\frac{gA^2k_0}{\omega\sinh^2(k_0h)}\cdot\frac{\cosh\left[2k_0(z+h)\right]}{\sinh(2k_0h)}\sin\left[2(k_0x-\omega t)\right]\end{aligned}\tag{3-174}$$

式 (3-174) 即二阶斯托克斯波的速度势。比较式 (3-161) 和式 (3-174) 可以发现，式 (3-174) 右边第一项是线性进行波的速度势，而第二项实际上是对一阶 (线性) 理论所进行的修正。相应的波形表达式为

$$\eta = A\cos\left(k_0x-\omega t\right)+\frac{A^2k_0}{4}\left[3\coth^3(k_0h)-\coth(k_0h)\right]\cos\left[2(k_0x-\omega t)\right]-\frac{A^2k_0}{2\sinh(2k_0h)}\tag{3-175}$$

容易知道，二阶斯托克斯波的波长、波速、群速度等计算公式与线性理论是一致的，可以直接从式 (3-162)、式 (3-164) 和式 (3-173) 得到。

图 3-9 给出了线性理论和二阶理论对 Airy 波以及 k_0h 分别为 $k_0h=1.5$ 和 $k_0h>3$ 时所得的自由面形状。

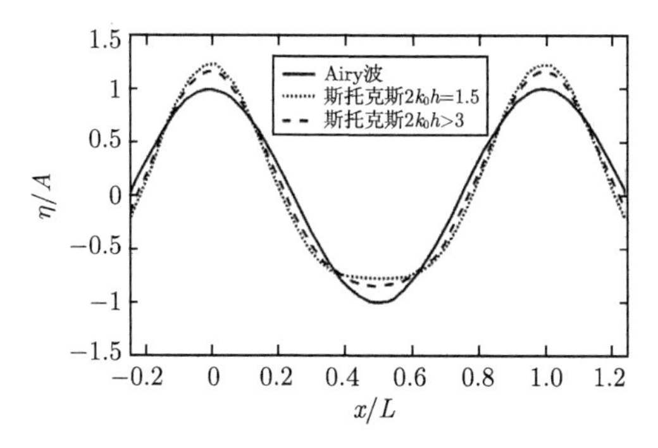

图 3-9 Airy 波和二阶斯托克斯波得到的规则波自由面形状 [66]

浅水情况下，二阶斯托克斯波在一个波长内的总波浪能和波功率 [65] 分别为

$$E=\frac{\rho gH^2\lambda b}{8}\left(1+\frac{9}{64}\cdot\frac{H^2}{k^4h^6}\right)\tag{3-176}$$

$$P=\frac{\rho gH^2c_{\mathrm{g}}b}{8}\left(1+\frac{9}{64}\cdot\frac{H^2}{k^4h^6}\right)\tag{3-177}$$

在这里，b 为波峰宽度，群速度 c_{g} 在浅水中等于波速 c。

2. 孤立波

孤立波最初是在 1834 年由英国物理学家 Russell 通过实际观察而被发现的。当时在一条狭窄的浅水河道中一艘由两匹马牵引的船突然停住，船周围的水面剧烈扰动，约 3 厘米高，长度约 91 厘米的“大水包”这个波不同于常见的船首波，它横贯该河道，沿河道离开船首向前方移动，而且波形圆润光滑，完全处于水面之上。Russell 骑马沿着运河跟踪该水波，发现它的波形和波速十分稳定，变化缓慢，一直传播至河道蜿蜒处才消失，随后 Russell 将这种水波命名为孤立波。事实上它是一种有限振幅波，只有一个波峰，而且只出现在浅水水域中。

这里不做推导，直接给出孤立波的解 [67]。设孤立波波高为 H，该波高为静水面和波峰之间的距离。波形方程为

$$\eta = H\mathrm{sech}^2\left[\sqrt{\frac{3}{4}\frac{H}{h^3}}(x-ct)\right] \tag{3-178}$$

其中，c 为孤立波的波速或相速度。从波形表达式便可看出孤立波与周期波的区别：周期波的波形是由三角函数表示的，而孤立波的波形是由双曲函数表示的。根据孤立波理论，相速度表达式为

$$c = \sqrt{gh}\left[1+\frac{1}{2}\left(\frac{H}{h}\right)\right] \tag{3-179}$$

由式 (3-178) 可见，孤立波是完全立于静水面之上的。式 (3-179) 是孤立波的弥散关系式，它表明水深确定时，孤立波的波速 c 仅与波高 H 有关，波高越大，波传播的越快。此外，波峰宽度 b 内一个孤立波的能量表达式 [65] 为

$$E = 1.54\rho g b\,(Hh)^{\frac{3}{2}} \tag{3-180}$$

3.6.3 不规则波浪

实际的海面总是呈现不规则的波浪，而且波浪的传播也没有固定的方向。对于这种不规则的、随机的任意方向波，用精确的数学表达式描述它是很困难的。20 世纪 50 年代，皮尔逊和纽曼等应用通信工程中所采用的随机噪声的数理统计方法研究波浪，使得人们对波浪的研究获得重大突破。从统计意义上讲，不规则的波浪可以用无数个不同波幅和波长的单元规则波叠加组成。

为简化问题，通常假定波浪是二因次的，即波浪只沿某个固定方向传播，而且波峰线是无限长且互相平行的。它与平面进行波不同的是波浪周期、波高是随机变化的，通常称这类不规则波浪为长峰不规则波，其是由无限多个不同波幅和波长的单元规则波线性叠加而成的。这样，长峰不规则波浪面的数学表达式可写成

$$\eta(t) = \sum_{j=1}^{\infty} A_j \cos\left[k_j x - \omega_j t + \varepsilon_j\right] \tag{3-181}$$

其中，A_j 表示某单元规则波的波幅，k_j 表示该单元规则波的波数，ω_j 表示该单元规则波的圆频率，ε_j 表示该单元规则波的相位角，其在区间 $[0, 2\pi]$ 内随机变化。j =1,2,3,$\cdots$,n 代表不同的基元波。在实际应用中通常采用波能谱的概念来描述波浪。

已知对于一个单元规则波，其单位面积具有的波浪能为

$$E = \frac{1}{2}\rho g A^2 \tag{3-182}$$

因为不规则波是由无限多个单元规则波叠加而成的，所以在圆频率 $\omega_0 \sim (\omega_0 + \mathrm{d}\omega)$ 的所有单元波的总能量为

$$E = \frac{1}{2}\rho g \sum_{\omega_0}^{\omega_0+\Delta\omega} A_j^2 \tag{3-183}$$

定义函数 $S_\varsigma(\omega)$，称为波能谱密度函数，即

$$S_\varsigma(\omega) = \frac{\dfrac{1}{2}\displaystyle\sum_{\omega_0}^{\omega_0+\Delta\omega} A_j^2}{\mathrm{d}\omega} \tag{3-184}$$

如果单元波为无穷多时，$[\omega_0, \omega_0 + \mathrm{d}\omega]$ 变为 $[0, +\infty)$，这时上式变为

$$\sum_{n=1}^{\infty} \frac{1}{2} A_n^2 = \int_0^{\infty} S_\varsigma(\omega)\mathrm{d}\omega \tag{3-185}$$

由式 (3-185) 可以看出，波能谱密度函数正比于波浪的能量，它是单元波圆频率 ω 的函数，代表波浪能相对于波浪圆频率的分布。波能谱密度函数实际上表征了不规则波中不同频率的基元波浪能量在总波浪能中所占的比重。大量实际观测表明，对于一定的海面环境，其对应的波能谱密度函数具有一定的形式。

根据波能谱定义，波能谱曲线下的总面积应等于波面具有的总能量，即

$$m_0 = \int_0^{\infty} S_\varsigma(\omega)\mathrm{d}\omega = E\left[\eta^2(t)\right] = \sigma^2 \tag{3-186}$$

实际上，m_0 代表波面升高的方差。

同时，定义 n 阶波能谱矩 m_n，即

$$m_n = \int_0^{\infty} \omega^n S_\varsigma(\omega)\mathrm{d}\omega \tag{3-187}$$

显然不规则波的总波浪能即零阶矩，各阶波能谱矩是反映波浪和波能谱特征的参数。通常将不规则波中测得的波高按大小依次排列，再从波高大的部分取出全部的 1/3 平均，得到的平均值称为有义波高，实际上人们目测的波浪波高都很接近于有义波高，其计算公式为

$$\tilde{H}_{1/3} = 4.0\sqrt{m_0} \tag{3-188}$$

根据波能谱还可以计算不规则波的平均波周期 $\tilde{T}$、平均波圆频率 $\tilde{\omega}$ 以及平均波长 $\tilde{\lambda}$ 等统计特征值，计算公式如下：

$$\tilde{T} = 2\pi\sqrt{\frac{m_0}{m_2}} \tag{3-189}$$

$$\tilde{\omega} = \sqrt{\frac{m_2}{m_0}} \tag{3-190}$$

$$\tilde{\lambda} = 2\pi g\sqrt{\frac{m_0}{m_4}} \tag{3-191}$$

通过实际观测、理论分析和经验修正，实际应用中确定了许多波能谱表达式。其中一些形式基于风速、风区长度等，另一些形式直接基于有义波高和特征周期。下面将介绍几个常见的波能谱公式 [68]。

1. 皮尔逊 – 莫斯科维茨 (Pearson-Moskowits) 谱

根据北大西洋“完全发展”海况的观察结果建立了皮尔逊–莫斯科维茨谱。该谱用有义周期 H_s 和上跨平均周期 T_Z 为参数来表示，即

$$S(\omega) = \frac{1}{4\pi}H_s^2\left(\frac{2\pi}{T_Z}\right)^4\omega^{-5}\mathrm{e}^{-\frac{1}{\pi}\left(\frac{2\pi}{T_Z}\right)^4\omega^{-4}} \tag{3-192}$$

皮尔逊–莫斯科维茨谱可借助 Γ 函数表示：

$$\Gamma(x) = \int_0^\infty u^{x-1}\mathrm{e}^{-u}\mathrm{d}u \tag{3-193}$$

该谱的零阶谱矩和上跨平均周期 T_Z 可由下述公式计算得到

$$m_0 = \frac{H_s^2}{16} \tag{3-194}$$

$$T_Z = 2\pi\sqrt{\frac{m_0}{m_2}} \tag{3-195}$$

2. JONSWAP 谱

JONSWAP 谱是根据在北海进行的一系列广泛测量得出的，是将皮尔逊–莫斯科维茨谱作为其特殊情况的一种更普遍的形式。它的不同点是谱峰值更高，其表达式为

$$S(\omega)=\alpha H_s^2\omega_p^4\omega^{-5}\mathrm{e}^{-\frac{5}{4}\left(\frac{\omega}{\omega_p}\right)^{-4}}\gamma^a \tag{3-196}$$

其中，

$$\alpha=\mathrm{e}^{-\frac{(\omega-\omega_p)^2}{2\sigma^2\omega_p^2}} \tag{3-197}$$

当 $\omega<\omega_p$ 时，$\sigma=0.07$，当 $\omega>\omega_p$ 时，$\sigma=0.09$，ω_p 是谱峰值对应的圆频率。

参数 γ 越大，JONSWAP 谱的峰值越细长。实际上，γ 值通常限制在 1 与 10 之间 (3.3 为标准值)。系数 α 的取值要保证下列等式成立：

$$H_s^2=16\int_0^\infty S(\omega)\mathrm{d}\omega \tag{3-198}$$

图 3-10(a) 和 (b) 表示 4 个倾斜参数值 $\gamma=1$，3，6 和 10 时的 JONSWAP 谱。曲线下的面积为常数，故有义波高相同，在图 3-10(a) 中，峰值周期始终相同，在图 3-10(b) 中，上跨平均周期相同。

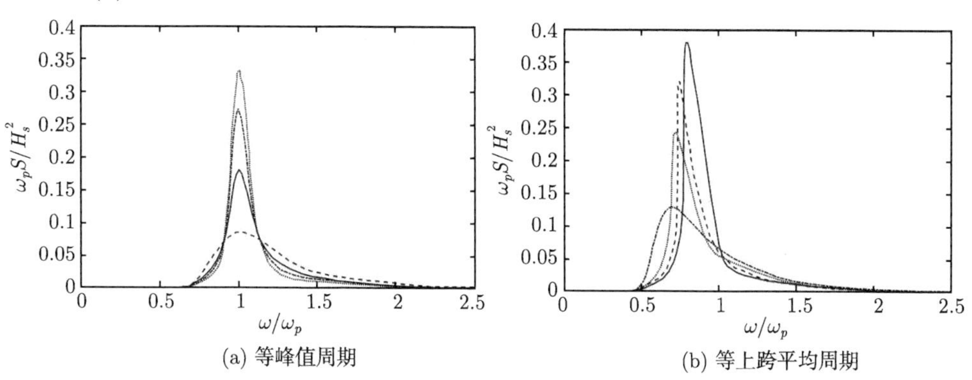

(a) 等峰值周期

(b) 等上跨平均周期

图 3-10 $\gamma=1$，3，6 和 10 的 JONSWAP 谱

3.6.4 Morison 公式

黏性效应和势流效应对确定海洋结构物上由波浪引起的运动和载荷都很重要，势流效应又包括结构物的波浪绕射和辐射。判定黏性效应与势流效应哪个占主导地位，可参见图 3-11，即固定在海底并穿出自由液面的垂向圆柱水平波浪力的结果。图中，入射波是规则波，H 为波高，λ 为波长，D 为圆柱的直径。图示结果中，

质量力和黏性力的计算采用下文介绍的 Morison 公式，质量系数取 2，阻力系数取 1；波浪绕射的计算采用线性势流理论。

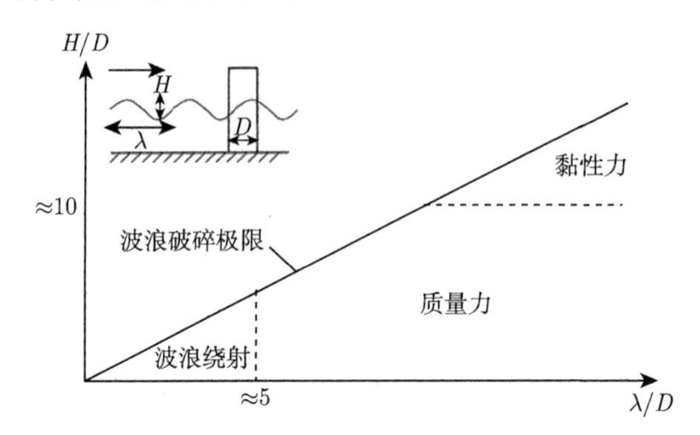

图 3-11　海洋结构物上质量力、黏性力和绕射力的相对重要性

由此可见，对于较大尺度的圆柱桩结构，绕射效应是主要的，波浪载荷可采用势流理论分析和计算。对于小尺度圆柱桩结构，其特征尺度相比入射波长很小，绕射效应几乎可以忽略不计，此时黏性效应是主要的，波浪载荷一般采用 Morison 公式计算。

根据 Morison 公式，作用在长度为 $\mathrm{d}z$ 的垂直刚性圆柱切片上的水平力为

$$\mathrm{d}F = \frac{1}{4}\rho\pi D^2 C_M a\mathrm{d}z + \frac{1}{2}\rho C_D D u\left|u\right|\mathrm{d}z \tag{3-199}$$

式中，力的正方向为波浪传播方向；ρ 为水的密度；D 为圆柱直径；u 和 a 分别为切片中心点处未受扰动流体的水平速度和加速度；质量力系数与阻力系数 C_M 和 C_D 必须依靠经验确定，并且依赖如下流动参数。

这些影响流动的主要参数有：雷诺数 $Re = UD/\nu$(U 为自由流动的特征流速，D 为物体的特征长度，ν 为运动黏性系数)；相对粗糙度 k/D(k 为物体表面粗糙度的特征截面尺寸)；Keulegan-Carpenter 数 $KC = U_M T/D$ $\left(\text{适用于以 } U_M \sin\left(\frac{2\pi}{T}t+\varepsilon\right)\right.$ 的振荡流速流经固定物体的平面绕流 $\left.\right)$；相对流速 $\left(U_C/U_M\right.$，当流速 U_C 与振荡流速 $U_M \sin\left(\frac{2\pi}{T}t+\varepsilon\right)$ 方向相同时 $\left.\right)$；物体的形状；自由液面效应；海底影响；与结构物方位有关的绕流本质；具有固有频率 f 的弹性柱体的折合速度 $(U_R = U/(fD))$。

如果入射波为深水正弦规则波，并假设 C_M 和 C_D 不随水深变化，容易证明随着水深的增加，质量力按 $\mathrm{e}^{2\pi z/\lambda}$ 衰减。阻力则按 $\mathrm{e}^{4\pi z/\lambda}$ 衰减，并且更加集中于自由液面附近。当波节在圆柱轴心处时，质量力的绝对值最大而阻力为零。当圆柱轴心处为波峰或波谷时，浸水切片的阻力绝对值最大。如果黏性效应可以忽略，且波长与圆柱直径之比 λ/D 较大时，可解析证明 Morison 公式是正确的渐进解，此时

C_M 值应当为 2。如果忽略流体加速度，Morison 公式对时间平均力而言是一个合理的经验公式。

3.7 热力学基础

传统能源 (煤炭、石油等)，主要是将燃料的化学能转化为热能，并通过发动机及发电机使热能最终变为机械能或电能。除此之外，温差能这样的新能源也利用储存在海洋中的热能进行发电。热力学主要研究物质的热力性质、热能转换以及热量传递规律，对提高热能的利用效率起着重要作用。因此，这一节将对热力学基础知识进行简单的介绍，对热力学知识有兴趣的同学可以阅读参考文献 [69] 和 [70] 的相关章节。

3.7.1 热力学第一定律

热力学第一定律即系统能量守恒，能量不能凭空消失或产生，总量保持不变，只能实现形式的转变或者系统间的能量传递。关系式可以写成

$$\delta q + \delta w = \Delta e \tag{3-200}$$

其中，δq 为系统增加的热量，δw 为对系统做的功，Δe 为系统增加的内能。式 (3-200) 中的变量均用系统的质量标准化，单位为 J/kg。内能 e 是气体内部所具有的分子动能和分子位能的总和。分子动能是分子宏观运动的能量，与温度高低有关。分子位能是分子间克服相互作用力所形成的，与分子大小和分子间的距离有关。除此之外，分子内部能量还包括化学能和原子能，这些能量不在热力学范畴内讨论。

热量和功是系统与外界热力源 (热源、功源、质源) 或其他有关物体之间进行的能量传递形式。热量与内能是两种不同的概念，热量和功是能量传递形式，只在系统的边界处产生，而内能是存在于系统之内的。如果两个平衡状态 1 和 2 已知，那么热量 Q 和功量 W 依赖于从状态 1 到 2 的过程或路径。而 $\Delta e = e_2 - e_1$ 则不依赖于过程或路径。简而言之，e 是一个描述系统热力学状态的函数，而热量和功是过程的函数。

无黏准静态过程是一种理想化的热力过程，系统变化非常缓慢使得系统始终与外界保持平衡，也将这一过程称为可逆过程。对于可压缩流体而言，最普通的可逆功是气体的扩张和压缩。令 $\nu = 1/\rho$ 为比体积，作用在单位质量上的功的微分形式是 $-p\mathrm{d}\nu$，$\mathrm{d}\nu$ 是比体积 ν 的增加量。则可逆过程的热力学第一定律表示成

$$\mathrm{d}e = \mathrm{d}q - p\mathrm{d}v \tag{3-201}$$

在这里，假设 q 也是可逆的。当系统不再是可逆过程，例如，系统受到黏性应力时，式 (3-201) 不再适用。

3.7.2　状态方程

用状态参数描述系统状态特性，只有在平衡状态下才有可能。平衡状态是指系统在不受外界影响时，热力性质不随时间变化，系统内外建立热和力的平衡，此时称系统达到平衡状态。在平衡状态下，可以用状态方程来描述压强、密度、温度等热力学变量的函数关系。对于单一物质的可压缩流体，已知系统的两个相互独立的热力学参量就能决定系统的状态。将状态方程写成

$$p = p(v, T) \quad \text{或} \quad e = e(p, T) \tag{3-202}$$

对于含有多种气体成分的复杂系统，需要用额外的性质来确定状态。例如，海水中溶有盐等成分，所以海水的密度是温度、压力和盐度的函数。

3.7.3　比热

在分析热力的过程中，常涉及气体的内能、焓、熵及热量的计算，需要借助于气体的比热。在定义物质的比热之前，先给出焓的概念

$$h \equiv e + pv \tag{3-203}$$

焓是热力学表征物质系统能量的一个重要的状态参量，包括内能和压力–容积势能。单一物质的系统，在恒定压力和恒定容积的比热容分别表示为

$$C_P = (\partial h/\partial T)_p, \quad C_V = (\partial e/\partial T)_V \tag{3-204}$$

其中，将焓值 h 视为 p 和 T 的函数，定压比热容 C_P 是指在保持压力 P 恒定时，焓 h 对 T 的偏导数。类似地，定容比热容 C_V 是指在容积恒定时，系统内能 e 对 T 的偏导数。

3.7.4　热力学第二定律

热力学第二定律限制了热能的传递方向，即不可能把热从低温物体传到高温物体而不产生其他影响，也称为“熵增定律”。这一定律的结论可以归纳为以下三点：

(1) 熵 s 在状态 1 和状态 2 之间的变化可以写成

$$s_2 - s_1 = \int_1^2 \frac{\mathrm{d}q_{\mathrm{rev}}}{T} \tag{3-205}$$

(2) 对状态 1 和状态 2 之间的任意变化过程，熵的变化满足

$$s_2 - s_1 \geqslant \int_1^2 \frac{\mathrm{d}q_{\mathrm{rev}}}{T} \tag{3-206}$$

对于绝热系统 ($\mathrm{d}Q = 0$)，熵值只能增加。这类增加主要是由系统的黏性、混合以及其他不可逆的过程造成的。

(3) 分子传递系数，例如，黏性系数 μ 和热传导系数 k 必须为正值，否则气体分离会自动发生，并导致绝热系统的熵值增大。

3.7.5 性质关系

在计算熵值变化的过程中通常会用到两个关系。对于可逆过程，熵的变化可以表示为

$$T\mathrm{d}s = \mathrm{d}q \tag{3-207}$$

将式 (3-207) 代入式 (3-201) 并结合式 (3-203)，可以得到

$$T\mathrm{d}s = \mathrm{d}e + p\mathrm{d}v, \quad T\mathrm{d}s = \mathrm{d}h + v\mathrm{d}p \tag{3-208}$$

尽管式 (3-201) 和式 (3-207) 只适用于可逆过程，但是对于不可逆的过程式 (3-208) 的关系依然满足。这是因为式 (3-208) 表示了热力学各个参数间的关系，对任何过程都满足。

3.7.6 理想气体

理想气体是指忽略气体分子间的作用力，并将气体分子简化为弹性且无体积的质点。理想气体可以视为气体压力 $p \to 0$ 或比容 $v \to \infty$ 时的极限状态气体。在常温低压情况下，将真实气体简化为理想气体模型，可以较好地近似模拟。当气体处于高压或低温的情况时，气体分子间的距离较小而且分子间的作用力并不能忽略，这时理想气体模型就不再适用。

在体积 V 的容器内，n 个完全相同且互不接触的气体分子的状态方程可以由分子运动理论和统计力学的方法得到，形式如下：

$$pV = nk_{\mathrm{B}}T \tag{3-209}$$

其中，p 是容器内表面的平均压力，k_{B} 是 Boltzmann 常量，T 是热力学温度。该方程即理想气体的状态方程，需要满足两个假设条件：①分子间作用力可以忽略；②V/n 远大于单个分子的体积。运用连续体近似，式 (3-208) 通常重新写成 $\rho = mn/V$ 的形式，其中 m 为一个气体分子的平均质量。m 可以用 M_w/A_0 计算，M_w 为在国际

单位制下规定的气体分子摩尔质量 (例如，氢气的分子量为 2，则 2g 的氢是 1mol 的氢，此时的 $M_w = 2\text{g/mol}$)。A_0 是 Avogadro 常量，其值为 $6.023\times10^{23}(\text{g/mol})^{-1}$。用以上的公式代替，式 (3-209) 可转变为

$$p = \frac{n}{V}k_{\text{B}}T = \frac{nm}{V}\left(\frac{k_{\text{B}}}{m}\right)T = \rho\left(\frac{k_{\text{B}}A_0}{M_w}\right)T = \rho\left(\frac{R_u}{M_w}\right)T = \rho RT \tag{3-210}$$

其中，$k_{\text{B}}A_0 = R_u = 8314\text{Jk/(mol}\cdot\text{K)}$，$R_u$ 为普适气体常数。理想气体包括多种气体的混合，其依然满足式 (3-210)。

气体常数 R 一般与气体的比热有关，满足以下关系

$$R = C_P - C_V \tag{3-211}$$

其中，C_P 和 C_V 分别为定压比热和定容比热，通常 C_P 和 C_V 都随温度升高而增大。比热比可以表示成

$$\gamma \equiv C_P - C_V \tag{3-212}$$

比热比对可压缩气体是一个重要参数。在常温下，$\gamma = 1.40$，$C_P = 1004\text{Jk/(g}\cdot\text{K)}$。在式 (3-209) 和式 (3-210) 中内能和焓满足条件 $e = e(T)$ 和 $h = h(T)$，因此理想气体的内能和焓只是温度的函数。

若系统与外界无热交换，则将该过程称为绝热过程。若系统绝热，而且不考虑黏性，则将该过程称为等熵过程 (过程中流体的熵不变)。对于等熵过程，比热比为常数的理想气体满足

$$p/\rho = \text{const} \tag{3-213}$$

运用式 (3-212) 和式 (3-213) 可以得到等熵过程中温度和密度从参考状态 (下标 0) 到目前状态的变化情况

$$T/T_0 = (p/p_0)^{(\gamma-1)\gamma}, \quad \rho/\rho_0 = (p/p_0)^{1/\gamma} \tag{3-214}$$

对于理想气体，音速和热膨胀系数可以简单表示为

$$c = \sqrt{\gamma RT}, \quad \alpha = 1/T \tag{3-215}$$

3.8 试验综述

试验分析是一种重要的科学研究方法，可以为科学研究提供真实的物理线索，也可以为科学理论验证提供直观可信的依据。因此，在海洋能装置的研发过程中，试验研究是必不可少的。本节将对该部分内容作出一定的介绍。

3.8.1 力学相似准则

根据实际海洋能转换装置的尺寸设计一种流体力学模型试验，它应满足实际流动和试验流动在力学上相似。力学相似应包括几何相似、运动相似、动力相似和边界条件相似等要求。

实体海洋能转换装置和模型满足几何相似的条件是两者的所有各项线性尺度之比为常数，这些尺度包括物体几何外形参数譬如长、宽、特征尺度等，即：

$$\frac{L_s}{L_m}=\frac{B_s}{B_m}=\frac{d_s}{d_m}=\lambda \tag{3-216}$$

其中，λ 为模型试验的缩尺比。

实体和模型相应的体积 V_s、V_m 之比为：

$$\frac{V_s}{V_m}=\lambda^3 \tag{3-217}$$

试验主要是研究装置在波浪、潮流等作用下的输出功率以及效率，这种情况下，重力和惯性力是决定其受力的主要因素。因此模型试验中应满足弗劳德相似定律，即模型和实体装置的弗劳德数 Fr 相等，以保证模型和实体之间重力和惯性力正确的相似关系。弗劳德数是惯性力与重力量级之比，表示为：

$$Fr=\sqrt{\frac{U_0^2/L}{g}} \tag{3-218}$$

其中，g 为重力加速度，L 为特征长度，U_0 是流体速度。

此外，海洋能转换装置和波浪的运动与受力均带有周期性变化的性质，因此模型和实体还必须保持斯特劳哈尔数 St 相似，即两种情况下 St 数相等。St 数是反映流动非定常性的相似准数，当流体做定常运动时，局部惯性力为零，就无需 St 数的相似。对于波浪这种周期性的非定常运动，特征时间常取为波浪的周期 T，则 St 可表示为：

$$St=\frac{L}{U_0T} \tag{3-219}$$

在这里，L 仍为特征长度，U_0 是流体速度。

根据弗劳德和斯特劳哈尔相似，运用量纲分析法，可得到实际波浪周期和模型试验波浪周期的缩尺比为：

$$\frac{T_s}{T_m}=\sqrt{\frac{L_s}{L_m}}=\sqrt{\lambda} \tag{3-220}$$

式 (3-220) 表明波浪能装置模型试验造波周期与实际波浪周期的缩尺比并不是几何缩尺比 λ，而是 $\sqrt{\lambda}$。比如某试验模型和实际波浪能装置几何缩尺比为 1 : 33，那么试验过程中造波周期与实际波浪周期缩尺比应为 $1:\sqrt{33}$。另外，试验过程中造波的波高与实际波浪波高缩尺比应等于几何缩尺比。

试验模型的尺度、材质的选择与试验目的密切相关，通常根据试验水槽相关尺度、水槽模拟波浪的能力来确定合适的缩尺比，进而确定试验的模型尺寸。

这里需要强调的是，流动相似的充要条件是所有相似准数都要相等，这称为完全相似。但是，在模型试验中要满足完全相似几乎是不可能的。例如，进行舰船阻力试验时，若要求流动完全相似，则雷诺数 Re 和弗劳德数 Fr 必须都相等，然而试验是在相同流体介质中进行的，Re 和 Fr 不可能同时相等。在这种情况下，就要根据各相似准数的物理意义，从实际物理现象出发，分清主次，首先满足那些与所研究的现象密切相关的相似准数相等，而略去一些比较次要的。这种工程试验中只满足部分相似准数相等，称为部分相似。在试验中只保证局部相似而带来的误差称为尺度效应，这是不可避免的，通常用修正的方法减小这种误差。

3.8.2　试验场地

海洋能设施的试验场地多种多样，常见的主要包括：拖曳水池、空泡水筒、水槽（或循环水槽）、近海水域等。

1. 拖曳水池

目前，国内外潮流能水轮机及波浪能浮子等试验最常用的试验设施是拖曳水池。拖曳水池是一个装备有双轨道拖车的矩形水池，最开始是设计用于船模试验。拖车能够拖动模型或跟随自航模 (如图 3-12)。在进行水轮机模型试验的时候，水轮机模型连接在拖车上。在拖车运动的同时，仪器会测量转速、推力和扭矩 [106,107]。为了更加顺利地进行潮流能水轮机模型试验，海洋工程人员运用他们的专业技能对拖曳水池的设置做了一些改动。例如，Li 和 Çalişal 在一次试验中发现由于振动剧烈，原来的拖车系统无法支承水轮机。因此，他们特意设计了一个次级拖车来安装水轮机，并将次级拖车连接在主拖车上 [79]。为了准确地测量自由表面效应和允许水轮机拥有首摇控制机构，Galloway 等 [108] 设计并定制了一个防水的动力仪。这些试验有助于研究人员证实他们的数值模型和技术开发人员理解水轮机的基本原理。

然而，简单地测量转速、推力和扭矩只能得到水轮机的水动力参数。随着拖曳水池试验的经验逐渐丰富和理解水轮机周围流体物理特征的需求不断增加，研究人员开始采用更加先进的测量设备来测量水轮机周围流体的物理特征，这些设备包括：声学多普勒测速仪（ADV）、激光多普勒测速仪（LDV）和粒子图像测速仪（PIV）等 [109−111]。例如，Luznik 等 [110] 利用 ADV 研究了定常和非定常来流作用下潮流能水轮机的尾流特征。Lust 等 [111] 在拖曳水池中测试了一个直径为 0.8m

的水轮机，研究了表面波和水深对水轮机的影响。他们得出的结论是在潮流能水轮机的设计中应该要考虑水轮机的垂向布置。另外，他们证实了先前的理论分析和数值模拟得出的当水轮机靠近自由表面时水轮机的性能会明显改善的结论。

另外，研究人员在拖曳水池中测试了一些新型设计。例如，Klaptocz 等 [112] 测试了一个涵道式潮流能水轮机，与普通的水轮机相比，它需要更加强大的支承系统。Clarke 等 [113] 测试了一个反向旋转的双转子系统。Li 和 Calişal[114,115] 设计出了一个新的测试架，它能够测试任意相对位置和来流状况下的两个水轮机，这有助于理解一个阵列中水轮机之间的相互作用。这些试验证实了数值模拟得出的涵道和双转子系统能够增加输出功率的结论。

图 3-12 拖曳水池实验

2. 空泡水筒

空泡水筒也是水轮机试验中常用到的试验设施。它借助于大直径水泵形成一个循环水回路。在循环水回路的顶部，安装有测量仪器。空泡水筒能够产生平行流。潮流能水轮机模型连接有一个动力仪，它们被放置在来流中。为了观察空泡，研究人员通常会采用一个与水轮机转速同步的频闪仪。空泡水筒能够测量没有自由表面效应的水轮机的大多数水动力特征。研究人员也可以利用空泡水筒来仔细研究水轮机是否会被空化效应破坏 [116]。为了能够采用水轮机模型来研究空泡和空化效应，研究人员必须保证几何相似和流动相似。几何相似要求模型是实尺度水轮机按照一定比例缩小得到的。流动相似要求空泡水筒满足一定的重力、黏性、表面张力、汽化特征、静压、流速、流体密度和气体扩散等要求。

如图 3-13，空泡水筒试验的结果也可以用来验证数值模拟的结果。由于考虑到空泡水筒试验中水轮机离壁面较近，研究人员在方程中又引入了阻塞效应。例如，Bahaj 等 [106] 为空泡水筒试验提出了一个阻塞效应修正因子，他们指出为了得到更加准确的试验数据，必须要考虑阻塞效应修正因子。后来，又有人提出了许多其他的阻塞效应修正方法 [118]。

图 3-13　空泡水筒实验

3. 水槽 (或循环水槽)

水槽（或循环水槽）也是非常有用的试验设施。水槽和循环水槽的关键在于通道中有水流通过。它们的区别在于水流是如何产生的。水槽中的水流是从外界源源不断地流进来的，而循环水槽中的水流是由水泵驱动在封闭通道中不断循环的。因此，水槽的测试区域通常要比循环水槽的测试区域长，但这对测试区域本身的水流特征没有影响。从现在起，除非特别声明，本文将用水槽来指代水槽或循环水槽，如图 3-14。

图 3-14　循环水槽

与拖曳水池和空泡水筒相比较，在水槽中，研究人员能够更加准确地模拟现场实际的水流特征，因为水轮机固定并且水槽存在自由表面。更重要的是，研究人员还可以控制水槽中水流的湍流强度。因此，在水槽中进行的大多数研究都聚焦于水流的物理特征而不是水轮机的水动力 [119−121]。在水槽试验中用到的试验设备有 ADV、声学多普勒流速剖面仪（ADP）和 LDV。Maganga 等 [119] 利用 ADV 研究了湍流对潮流能水轮机的影响。Chamorro 等 [120] 利用 ADV 量化了水槽中水轮机的尾流。Neary 等 [121] 利用 ADV 和 ADP 测量了水槽中水轮机模型的来流和尾流，并比较了 ADV 和 ADP 的测量效果。他们发现 ADV 的附加误差能够成功地修正湍流强度的测量值。Javaherchi 等 [122] 报道了三个 1/45 的水轮机模型的 PIV 测量结果。

Bahaj 和 Myers[123] 通过水槽试验得到的结果很值得注意，他们展示了用网状盘代替水轮机模型的结果。更具体地说来，他们展示了大型循环水槽中的一个 1/15 的水轮机模型的尾流和一系列模拟多个设备不同空间布置的缩尺比为 1/120 的鼓动盘试验。他们发现在下游 6 倍直径之后的位置，网状盘的尾流和水轮机的尾流很相近。这个结论十分重要，因为许多大尺度环境水流的数值模拟需要水轮机的简单描述。到目前为止，大家一直将鼓动盘当成是水轮机的简单描述。

目前摆式波浪能装置的物理模型试验多在水槽中进行，一般采用较小的模型比尺。Whittaker 等 [167] 通过近岸悬挂摆装置的二维水槽试验（比尺 1/40），证明近岸悬挂摆装置比振荡水柱装置和沿岸悬挂摆装置具有更高的波浪能转化率。Flocard 等 [168,169] 通过水槽试验（比尺 1/33）分析了圆柱直径、水深、PTO 阻尼、惯性矩等参数对圆柱形浮力摆装置水动力性能的影响，并进一步研究了通过调节摆体惯性矩来提高装置的转换效率。Chaplin 和 Aggidis[170] 通过水槽试验（比尺 1/100）分析了波浪作用下浮力摆装置的运动过程、扭矩输出和极端海况载荷。Ogai 等 [171] 通过水槽试验研究了一种海岸防护结构前的悬挂摆式装置，分析了装置对防护结构前波态的影响，以及波浪条件对装置转换率的影响。夏增艳等 [172] 通过分析计算和水槽试验研究了悬挂摆装置的固有频率。

随着对振荡水柱发电装置重视程度的增加及研究手段的日益丰富，国内外众多学者利用试验方法对能量一次转换过程中的相关问题进行了广泛而深入的研究。

Ambli 提出了一种多共振振荡水柱装置，在气室前面增加了一个前港 [173]，希望利用港口效应，使得入射波与前港和气室内水柱产生共振起到聚波作用。Malmo 和 Reitan[152,153] 认为在振荡水柱气室前水域进行类似港池的设置，能够有效利用波浪的反射、散射和绕射从而起到聚集波浪能作用，同时增加了可利用波浪频率的范围。Whittaker 和 Stewart 也对类似设计的水动力性能进行了实验研究，并认为与单独波能装置相比，岸线与波能装置的相互作用可以增加气室的最大输出功率，同时也定性考察了近岸处的底坡对装置水动力性能的影响。Tseng[174] 在前人工作的基础上对上述装置进行了改进，在气室的前缘增加了弧形边，并对气室内外的自由水面高度和压力分布在不同波高和周期下的性能进行了考察，认为该设计能够有效吸收小振幅波的能量。但是与之前的工作相同，该种装置能量转化率偏低，有待进一步提高与研究。

刘月琴等 [175] 对传统岸式振荡水柱波能装置的气室部分进行了实验研究，重点考察了海岸岸坡之间的效应关系及其规律。当入射波周期较大时，海岸岸坡对振荡水柱的垂向运动响应影响不大，但对吸能效率和单位宽度波能俘获率的影响较为明显。

梁贤光等 [176] 在造波水槽中进行了汕尾 100kW 波力电站气室模型的性能试验。气室的波能转换效率不仅随波周期变化，而且随波高而异。在大波高、最佳波周期下，气室波能转换效率有较大降低，但在长周期区，气室效率却随周期增大而上升，气流功率一直随周期增大。试验还表明，气室的形状对波能转换率的影响也较大。

欧美国家近些年加大了对点吸收式波浪能发电装置的研究，模型试验研究也得以广泛展开，相关内容读者可参阅 Yu 和 Li 的文献 [177]。而在我国，对于此种形式的波浪能发电装置研究开展得相对较晚。苏永玲等 [178] 对一种岸式的振荡浮子波能转换装置进行了试验研究，通过方形浮子在波浪的作用下沿着岸壁做垂荡运动，以吸收波浪的能量。平丽 [179] 在此基础上，利用海岸地形，使浮子沿斜坡面进行往复运动，从而吸收波能。岸式装置尽管便于施工和后期维护管理，但是由于波浪在向岸边传播的过程中，能量被大部分削弱，因此，波浪能的发电效率相对较低，而离岸式装置远离岸边、波浪场能量集中。勾艳芬等 [180] 对此问题在波浪水槽中进行了试验模拟。该试验采用圆柱形浮子结构作为吸收载体，浮子通过锚链与海床连接。试验是在规则波浪作用下进行的，针对入射波浪周期对输出功率的影响进行了研究。

4. 海试

每种试验设施均有自己的优点。在过去的十年里，海洋能试验用的最多的试验设施是拖曳水池，其次是水槽，最后是空泡水筒。拖曳水池的设备也越来越齐全。然而，拖曳水池中水流的湍流强度高，水轮机、波浪浮子的安装支架及其测量装置也会引起环境扰动，这会导致在测量远尾流区的一些特征时产生可观的不确定性。空泡水筒非常独特，在这三种试验设施中，空泡水筒能够最准确地达到雷诺数和湍流强度的要求。空泡水筒能够用来研究空泡问题。然而，空泡水筒具有强烈的壁面效应，并且没有自由表面，故它最适用于研究深水水轮机问题。从水流的湍流强度来看，水槽介于拖曳水池和空泡水筒之间。另外，水槽也有自由表面。但是它的雷诺数相对较低，并且水深较浅，故它适用于研究浅水问题或尾流的物理特征。

无论怎样，海试是研究海洋能装置的最终方法，同时，海试的花费也最大。

在过去的十年里，一些关于商用水轮机海试的消息被报道出来，如 Kobold 水轮机 [124]、MCT 水轮机 [125] 和 Verdant 水轮机 [126]。然而，由于涉及行业机密，只有有限的资料被公布出来 [127−129]。

第4章 潮　流　能

在过去的 20 多年里，为了理解潮流能水轮机的水动力特性，研究人员做了大量的研究工作。由于潮流能是一个新的研究领域，目前大多数的研究方法还处于借鉴风力机和螺旋桨的方法快速发展的阶段，总的说来，这些研究方法可分为：理论分析、数值模拟、试验研究以及机组阵列研究。

4.1 水轮机相关理论分析

4.1.1 一维动量理论

水平轴潮流能水轮机是一种从水流中捕获水的动能的装置。由于动能损失，穿过水轮机的水流将会减速。假定受到水轮机影响的水流和没有受到水轮机影响而维持原来速度不变的水流保持分离，就能画出一个包含受影响水流的曲面边界，将这个曲面边界向上游和下游延伸就可以得到一个具有圆形截面的流管，如图 4-1 所示。在水轮机前方，流管内的水流速度逐渐降低，压力逐渐升高；当水流经过水轮机时，压力骤然降低，而水流速度仍保持连续变化；在水轮机后方，水流的速度继续降低，而压力逐渐升高到环境压力。

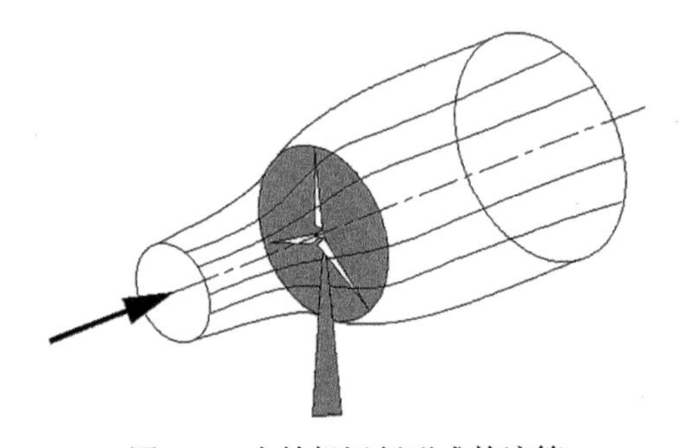

图 4-1　水轮机运行形成的流管

我们采用一个均匀的致动盘来代替水轮机，这个致动盘能够使流管内水流的压力发生突变。

为了使问题简化，可以假定：

(1) 水为不可压缩的理想流体；

(2) 致动盘的轴向尺度趋于零，允许水自由通过，并可吸收水的动能；

(3) 水流速度和压力在盘面上均匀分布；

(4) 尾流无旋；

(5) 盘面远前方和远后方的静压等于不受干扰时的环境静压。

在接下来的分析中，假定一个控制体，该控制体的边界是流管的表面和两个横截面，如图 4-2 所示。

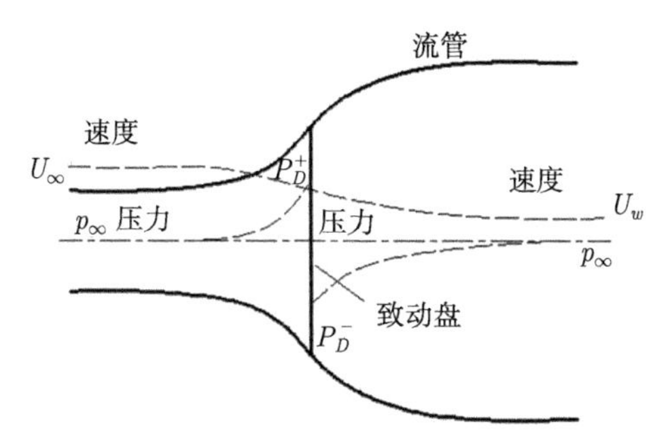

图 4-2 水轮机的致动盘模型

由流体的连续性可知，通过流管各个横截面的质量流量均相等。单位时间内穿过某个流管横截面的水的质量为 ρAU，ρ 为水的密度，A 为横截面面积，U 为水流速度。流管各处横截面的质量流量必须相等，从而有

$$\rho A_\infty U_\infty = \rho A_D U_D = \rho A_W U_W \tag{4-1}$$

在这里，下标 ∞ 代表盘面远前方，D 代表盘面处，W 代表盘面远后方。

由于致动盘的存在，盘面处的水流速度和自由来流速度有所区别。一般地，认为致动盘会使水流产生一个诱导速度，该诱导速度和自由来流速度叠加就能得到盘面处的水流速度。假设盘面处诱导速度的轴向分量为 $-aU_\infty$，a 为轴向诱导因子，则盘面处水流的轴向速度为

$$U_D = U_\infty (1-a) \tag{4-2}$$

应用动量定理可以求出水流作用在盘面上的推力。单位时间内自盘面远前方流入控制体的动量为 $\rho A_D U_D U_\infty$，而在盘面远后方流出控制体的动量为 $\rho A_D U_D U_W$。由此可以得到，单位时间内控制体中水流获得的动量增量为

$$\rho A_D U_D U_W - \rho A_D U_D U_\infty = (U_W - U_\infty)\,\rho A_D U_\infty (1-a) \tag{4-3}$$

根据动量定理，作用在控制体中流体上的力等于单位时间内控制体中流体动量的增量。而致动盘作用在流体上的力与流体作用在致动盘上的力大小相等，方向相反，故有流体作用在致动盘上的推力为

$$T = (U_\infty - U_W)\,\rho A_D U_\infty (1-a) \tag{4-4}$$

流体作用在致动盘上的推力是由盘面前后的压力差 $p_D^+ - p_D^-$ 形成的，从而有

$$T = \left(p_D^+ - p_D^-\right) A_D \tag{4-5}$$

由式 (4-4) 与式 (4-5) 可得

$$\left(p_D^+ - p_D^-\right) A_D = \left(U_\infty - U_W\right) \rho A_D U_\infty \left(1 - a\right) \tag{4-6}$$

为了得到盘面前后的压力差 $p_D^+ - p_D^-$，在盘面前和盘面后分别应用伯努利方程。在盘面远前方和盘面紧前方有下列关系式：

$$\frac{1}{2}\rho U_\infty^2 + p_\infty = \frac{1}{2}\rho U_D^2 + p_D^+ \tag{4-7}$$

然而，在盘面远后方和盘面紧后方有下列关系式：

$$\frac{1}{2}\rho U_W^2 + p_\infty = \frac{1}{2}\rho U_D^2 + p_D^- \tag{4-8}$$

将式 (4-7) 与式 (4-8) 相减，可以得到

$$p_D^+ - p_D^- = \frac{1}{2}\rho\left(U_\infty^2 - U_W^2\right) \tag{4-9}$$

将式 (4-9) 代入式 (4-6) 中，通过化简可得到

$$U_W = U_\infty \left(1 - 2a\right) \tag{4-10}$$

由式 (4-10) 可知，流管内水流轴向速度损失的一半发生在制动盘的上游，一半发生在致动盘的下游。

将式 (4-10) 代入式 (4-4) 中有

$$T = 2\rho A_D U_\infty^2 a \left(1 - a\right) \tag{4-11}$$

致动盘作用在水上的力的大小为 T，方向与盘面处水流的速度方向相反，故单位时间内致动盘对水做的功为 $-TU_D$，也就是说单位时间内水流损失的动能为 TU_D。假设单位时间内水流损失的动能全部被致动盘捕获，从而得到致动盘的功率为

$$P = TU_D = 2\rho A_D U_\infty^3 a \left(1 - a\right)^2 \tag{4-12}$$

定义功率系数为

$$C_P = \frac{P}{\frac{1}{2}\rho U_\infty^3 A_D} \tag{4-13}$$

式 (4-13) 中分母表示制动盘不存在时，单位时间内通过致动盘所占面积的水流的动能。将式 (4-12) 代入式 (4-13) 中有

$$C_P = 4a(1-a)^2 \tag{4-14}$$

将式 (4-14) 等号两边同时对 a 求导，可以得到

$$\frac{\mathrm{d}C_P}{\mathrm{d}a} = 4(1-a)(1-3a) \tag{4-15}$$

当 $a=\frac{1}{3}$ 时，$\frac{\mathrm{d}C_P}{\mathrm{d}a}=0$，$C_P$ 取得最大值:

$$C_{P_{\max}} = 4\times\frac{1}{3}\times\left(1-\frac{1}{3}\right)^2 = \frac{16}{27}\approx 0.593 \tag{4-16}$$

功率系数可能达到的最大值就是著名的贝茨极限。到目前为止，没有任何潮流能水轮机的功率系数能够超越贝茨极限。这个极限的存在并不是由设计上的缺陷造成的，因为在我们的讨论中还没有涉及设计问题。贝茨极限的存在是由功率系数自身的定义造成的。

另外，将水流作用在盘面上的推力 T 无量纲化，可以得到一个推力系数 C_T

$$C_T = \frac{T}{\frac{1}{2}\rho U_\infty^2 A_D} \tag{4-17}$$

从而有

$$C_T = 4a(1-a) \tag{4-18}$$

当 $a\geqslant 0.5$ 时，盘面远后方的尾流速度 $U_\infty(1-2a)$ 变为 0，甚至负值。这种情况下，水流流动状态十分复杂，动量理论不再适用，功率系数 C_P 和推力系数 C_T 的值需要由经验公式修正得到。

4.1.2 理想水轮机叶轮理论

如何将捕获到的能量转换成人类可利用的能量形式取决于特定的水轮机设计。大多数的潮流能水轮机利用叶轮来实现这一功能。叶轮具有数个叶片，它围绕着一个转轴以角速度 Ω 做旋转运动。叶轮的转轴与叶轮转动平面垂直，且与水流速度方向平行。叶片的运动轨迹形成一个盘面，由于叶片特殊的水动力设计，水流在通过这个盘面前后会有一个压力差，正是这个压力差造成了水流轴向动量的损失。水流损失的能量被收集起来驱动叶轮旋转，从而带动和叶轮轴连接的发电机。在运行过程中，水流会对叶轮产生一个沿着轴向的推力和一个与叶轮旋转方向相同的转矩。

根据牛顿第三定律，力的作用是相互的，水流在推动叶轮旋转时，叶轮也会对其周围的水流产生反作用力，作用在水流上的力会使得通过叶轮的水反方向旋转，因此，这部分水就会获得角动量。所以尾流中的水的速度不仅包含一个轴向分量，还包含一个周向分量，如图 4-3 所示。

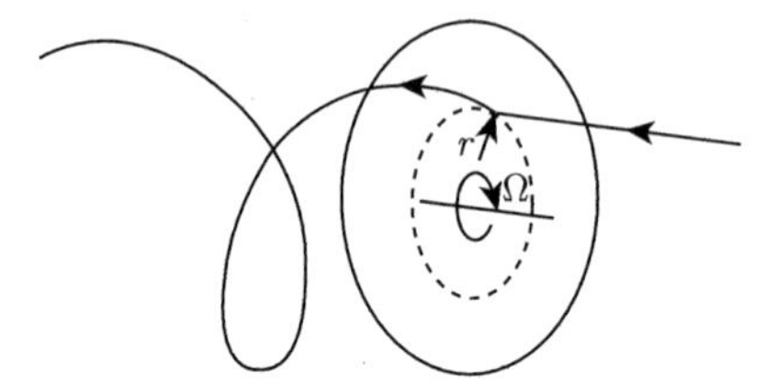

图 4-3　穿过水轮机叶轮的水质点的运动轨迹

为了简要地分析周向诱导速度的存在对叶轮性能的影响，现讨论具有无限多叶片的叶轮在理想流体中的运动情况，即同一半径处的周向诱导速度为常量。

进入叶轮盘的水流没有旋转运动，离开叶轮盘的水流有了旋转运动，并且随着水流的前进，旋转运动保持不变。水流旋转运动的发展完全发生在水流穿过有厚度的叶轮盘的过程中，如图 4-4 所示。水流周向速度的变化用周向诱导因子 a' 的形式来表示。在叶轮盘的前方，水流的周向速度为 0；一到叶轮盘的后方，水流的周向速度就变成 $2r\Omega a'$；在叶轮盘厚度的中间位置，半径 r 处的周向诱导速度为 $r\Omega a'$。水流周向诱导速度的方向与叶轮的旋转方向相反。

事实上，水流不可能骤然获得轴向速度，必须经过一段时间才能获得。图 4-4 展示了水流通过叶片间隙时的轴向过程。

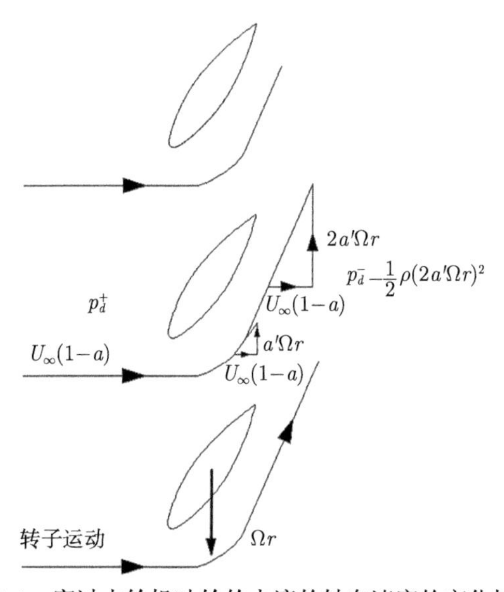

图 4-4　穿过水轮机叶轮的水流的轴向速度的变化情况

不同半径处的轴向诱导速度和周向诱导速度均不相同，现考虑盘面上半径 r 处、宽度为 $\mathrm{d}r$ 的圆环。作用在圆环上的转矩对应于水流速度的周向分量，而作用在圆环上的推力对应于水流轴向速度的降低。整个盘面由大量的圆环组成，假定每个圆环只对通过该圆环的水产生作用。

根据动量矩定理，流体在单位时间内流经流管两截面的动量矩增量等于作用在流管上的力矩。而作用在流管上的力矩与水流作用在圆环上的转矩大小相等、方向相反，故有水流作用在半径 r 处、宽度为 $\mathrm{d}r$ 的圆环上的转矩为

$$\mathrm{d}Q = \rho \mathrm{d}A_D U_\infty (1-a)\, 2a'\Omega r^2 \tag{4-19}$$

其中，$\mathrm{d}A_D$ 为圆环的面积。

叶轮轴上的驱动力矩的增量也为 $\mathrm{d}Q$，从而叶轮输出轴功率的增量为

$$\mathrm{d}P = \mathrm{d}Q\Omega = \rho \mathrm{d}A_D U_\infty (1-a)\, 2a'\Omega^2 r^2 \tag{4-20}$$

从水流中获得的功率又等于单位时间内水流损失的动能，即

$$\begin{aligned}\mathrm{d}P &= \frac{1}{2}\rho \mathrm{d}A_D U_\infty (1-a)\left[U_\infty^2 - U_\infty^2 (1-2a)^2 - (2a'\Omega r)^2\right] \\ &= 2\rho \mathrm{d}A_D U_\infty (1-a)\left[a(1-a)U_\infty^2 - a'^2\Omega^2 r^2\right]\end{aligned} \tag{4-21}$$

比较式 (4-20) 和式 (4-21)，可以得到

$$\frac{a(1-a)}{a'(1+a')} = \frac{\Omega^2 r^2}{U_\infty^2} = \lambda_r^2 \tag{4-22}$$

其中，λ_r 为当地速度比。

将叶梢的圆周运动线速度与自由来流速度的比值定义为叶梢速度比 λ:

$$\lambda = \frac{\Omega R}{U_\infty} \tag{4-23}$$

叶梢速度比经常出现在叶轮的水动力方程中。而当地速度比 λ_r 指的是叶轮半径 r 处的线速度与自由来流速度的比值

$$\lambda_r = \frac{\Omega r}{U_\infty} = \frac{\lambda r}{R} \tag{4-24}$$

将圆环的面积 $\mathrm{d}A_D = 2\pi r \mathrm{d}r$，叶轮盘的面积 $A_D = \pi R^2$，式 (4-23) 和式 (4-24) 代入式 (4-20) 中，可以得到半径 r 处宽度为 $\mathrm{d}r$ 的圆环贡献的功率 $\mathrm{d}P$ 的另一种形式：

$$\mathrm{d}P = \frac{1}{2}\rho U_\infty^3 A_D \left[\frac{8}{\lambda^2} a'(1-a)\lambda_r^3 \mathrm{d}\lambda_r\right] \tag{4-25}$$

其中，$d\lambda_r = \dfrac{\lambda}{R} dr$

由式 (4-25) 可以看出，圆环贡献的功率是轴向诱导因子、周向诱导因子和叶梢速度比的函数。轴向和周向诱导因子决定了叶轮盘处水流速度的大小和方向，当地速度比是叶梢速度比和半径的函数。

圆环对功率系数的贡献为

$$\mathrm{d}C_P = \frac{\mathrm{d}P}{\frac{1}{2}\rho U_\infty^3 A_D} = \frac{8}{\lambda^2} a' (1-a) \lambda_r^3 \mathrm{d}\lambda_r \tag{4-26}$$

从而有

$$C_P = \frac{8}{\lambda^2} \int_0^\lambda a' (1-a) \lambda_r^3 \mathrm{d}\lambda_r \tag{4-27}$$

为了求出式 (4-27) 中的积分，需要找到 a，a' 和 λ_r 之间的关系。求解式 (4-22)，可以将 a' 表达成 a 的函数形式

$$a' = -\frac{1}{2} + \frac{1}{2}\sqrt{1 + \frac{4}{\lambda_r^2} a (1-a)} \tag{4-28}$$

只有当式 (4-27) 中的项 $a'(1-a)$ 取最大值时，叶轮才可能达到最大的轴功率输出。将式 (4-28) 代入 $a'(1-a)$ 中有

$$a' (1-a) = (1-a) \left[-\frac{1}{2} + \frac{1}{2}\sqrt{1 + \frac{4}{\lambda_r^2} a (1-a)} \right] \tag{4-29}$$

将式 (4-29) 等号左右两边同时对 a 进行求导，并令导数等于 0，可得到

$$\lambda_r^2 = \frac{(1-a)(4a-1)^2}{1-3a} \tag{4-30}$$

式 (4-30) 决定了叶轮输出功率最大时每个圆环处的轴向诱导因子与当地速度比的关系，将式 (4-30) 代入式 (4-28)，可得

$$a' = \frac{1-3a}{4a-1} \tag{4-31}$$

将式 (4-30) 等号两边同时对 a 求导可以得到叶轮输出功率最大时每个圆环处 $\mathrm{d}\lambda_r$ 和 $\mathrm{d}a$ 的关系：

$$2\lambda_r \mathrm{d}\lambda_r = \frac{6(4a-1)(1-2a)^2}{(1-3a)^2} \mathrm{d}a \tag{4-32}$$

将式 (4-30)~式 (4-32) 代入式 (4-27) 中，可以得到

$$C_{P\max} = \frac{24}{\lambda^2} \int_{a_1}^{a_2} \left[\frac{(1-a)(1-2a)(1-4a)}{(1-3a)} \right]^2 \mathrm{d}a \tag{4-33}$$

其中，积分下限 a_1 为 $\lambda_r=0$ 时的轴向诱导因子，积分上限 a_2 为 $\lambda_r=\lambda$ 时的轴向诱导因子，从式 (4-30) 可以得到当 $a_1=0.25$ 时，λ_r 的值为 0；另外有

$$\lambda^2=\frac{(1-a_2)(1-4a_2)^2}{(1-3a_2)} \tag{4-34}$$

每个叶梢速度比 λ 的取值，都能从式 (4-34) 中解出一个对应的 a_2 的值。从式 (4-34) 中可以看出，$a_2=1/3$ 是轴向诱导因子 a 的上限，当 $a_2=1/3$ 时，叶梢速度比 λ 趋于无穷大。

用 x 变换 $1-3a$，则可计算得到式 (4-34) 中定积分的结果：

$$C_{P\max}=\frac{8}{729\lambda^2}\left(\frac{64}{5}x^5+72x^4+124x^3+38x^2-63x-12\ln x-4x^{-1}\right)\Bigg|_{x=1-3a_2}^{x=0.25} \tag{4-35}$$

表 4-1 展示了不同叶梢速度比 λ 的一些取值和对应的叶梢处的轴向诱导因子 a_2 的取值以及对应的最大可能效率 $C_{P\max}$ 的取值。

表 4-1 不同叶梢速度比 λ 对应的 a_2 和 $C_{P\max}$ 的值 [72]

λ	a_2	$C_{P\max}$
0.5	0.2983	0.289
1.0	0.3170	0.416
1.5	0.3245	0.477
2.0	0.3279	0.511
2.5	0.3297	0.533
5.0	0.3324	0.570
7.5	0.3329	0.581
10.0	0.3330	0.585

图 4-5 展示了最大可能效率 $C_{P\max}$ 随叶梢速度比 λ 的变化情况以及之前一维动量理论推导出来的贝茨极限。从图中可以看出，叶梢速度比 λ 越大，最大可能效率 $C_{P\max}$ 也就越接近贝茨极限。

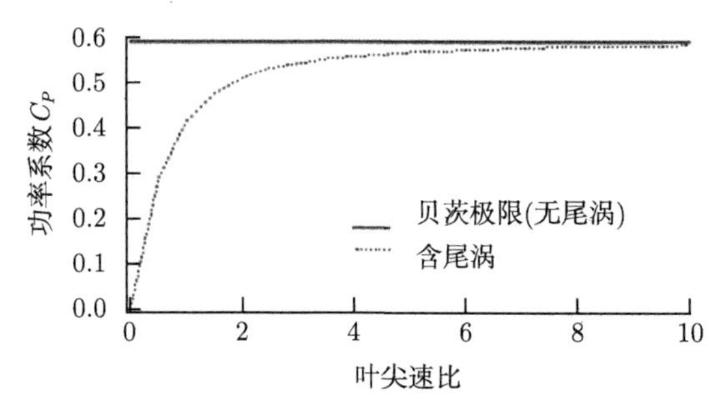

图 4-5 最大可能效率 $C_{P\max}$ 随叶梢速度比 λ 的变化情况

4.1.3 动量叶素理论

本小节的分析用到了动量理论和叶素理论。动量理论指的是利用动量定理和动量矩定理分析水流和叶片之间的相互作用力和力矩。叶素理论指的是根据叶片的几何形状分析叶片单元的受力情况。动量叶素理论 (或称切片理论) 则结合了上述两种方法得到的结果。该理论能够将叶片形状和叶轮从水流中捕获能量的能力关联起来。动量叶素理论在水轮机叶轮的设计中得到了广泛的应用。

1. 动量理论

在前面的章节里，可以得到水流和叶片之间的相互作用力和力矩与叶片处水流状况的关系。此处，假定轴向和周向诱导因子均为半径 r 的函数，可以得到作用在盘面半径 r 处、宽度为 $\mathrm{d}r$ 的圆环上的推力为

$$\mathrm{d}T = 4a\left(1-a\right)\pi\rho U_{\infty}^{2} r\mathrm{d}r \tag{4-36}$$

转矩为

$$\mathrm{d}Q = 4a'\left(1-a\right)\pi\rho U_{\infty}\Omega r^{3}\mathrm{d}r \tag{4-37}$$

至此，根据动量理论，得到式 (4-36) 和式 (4-37) 两个等式，它们给出了作用在叶轮盘面的一个圆环部分上推力和转矩与轴向和周向诱导因子的关系。

2. 叶素理论

作用在水轮机叶片上的力也可以表达成攻角、升力系数和阻力系数的函数。如图 4-6 所示，将水轮机叶轮叶片分成 N 个单元。进一步做如下两个假定：

(1) 单元与单元之间没有水动力干涉作用，即不考虑水流的径向流动；

(2) 作用在叶片上的力仅由叶片所用机翼形状的升力和阻力特性决定。

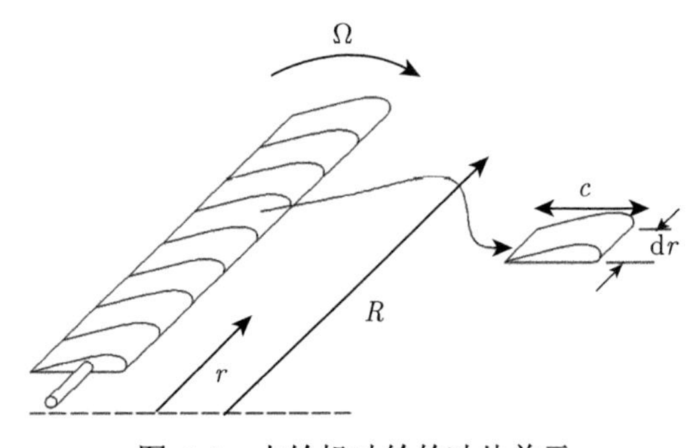

图 4-6 水轮机叶轮的叶片单元

在分析叶片单元受力的时候，要注意升力和阻力分别是与有效流速，即相对流速垂直和平行的。相对流速是叶轮处轴向分量 $U_{\infty}(1-a)$ 与周向分量的矢量和。周

向分量是叶片单元处的线速度 Ωr 和周向诱导速度 $a'\Omega r$ 的矢量和，故相对流速的周向分量为

$$\Omega r + a'\Omega r = \Omega r\left(1 + a'\right) \tag{4-38}$$

图 4-7 展示了半径 r 处的各个速度、角度以及力相互之间的关系。θ_p 为半径 r 处的螺距角，即叶片剖面弦线与旋转平面的夹角；$\theta_{p,0}$ 为叶片螺距角；θ_T 为半径 r 处的扭角；α 为攻角，即相对流速与叶片剖面弦线的夹角；φ 为水动力螺距角；$\mathrm{d}F_L$ 为升力增量；$\mathrm{d}F_D$ 为阻力增量；$\mathrm{d}F_N$ 为法向力增量，合力为作用在叶轮上的轴向推力；$\mathrm{d}F_T$ 为周向力增量，合力为驱动叶轮旋转的转矩；U_{rel} 为相对流速。

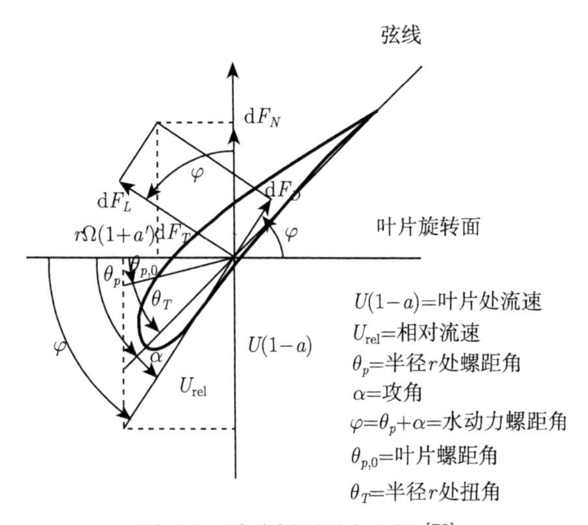

图 4-7 叶片剖面受力分析 [72]

此处的叶片半径 r 处的扭角是相对于叶片螺距角定义的，即

$$\theta_T = \theta_p - \theta_{p,0} \tag{4-39}$$

叶片扭角是叶片形状的函数，而当叶片的位置发生改变，即 $\theta_{p,0}$ 改变时，θ_p 也会跟着变化。另外，水动力螺距角等于剖面螺距角与攻角之和，即

$$\varphi = \theta_p + \alpha \tag{4-40}$$

从图 4-7 中，还可以推导出下列关系式：

$$\tan\varphi = \frac{U_\infty\left(1-a\right)}{\Omega r\left(1+a'\right)} = \frac{1-a}{\lambda_r\left(1+a'\right)} \tag{4-41}$$

$$U_{\mathrm{rel}} = \frac{U_\infty\left(1-a\right)}{\sin\varphi} \tag{4-42}$$

$$U_{\mathrm{rel}} = \frac{\Omega r\left(1+a'\right)}{\cos\varphi} \tag{4-43}$$

$$\mathrm{d}F_L = C_l \frac{1}{2}\rho U_{\mathrm{rel}}^2 c\mathrm{d}r \tag{4-44}$$

$$\mathrm{d}F_D = C_d \frac{1}{2}\rho U_{\mathrm{rel}}^2 c\mathrm{d}r \tag{4-45}$$

$$\mathrm{d}F_N = \mathrm{d}F_L \cos\varphi + \mathrm{d}F_D \sin\varphi \tag{4-46}$$

$$\mathrm{d}F_T = \mathrm{d}F_L \sin\varphi - \mathrm{d}F_D \cos\varphi \tag{4-47}$$

假设叶轮有 B 个叶片，那么作用在盘面半径 r 处宽度为 $\mathrm{d}r$ 的圆环上的推力为

$$\mathrm{d}T = B\mathrm{d}F_N = B\frac{1}{2}\rho U_{\mathrm{rel}}^2 \left(C_l\cos\varphi + C_d\sin\varphi\right) c\mathrm{d}r \tag{4-48}$$

转矩为

$$\mathrm{d}Q = B\mathrm{d}F_T r = B\frac{1}{2}\rho U_{\mathrm{rel}}^2 \left(C_l\sin\varphi - C_d\cos\varphi\right) cr\mathrm{d}r \tag{4-49}$$

至此，根据叶素理论，又得到了式 (4-48) 和式 (4-49)，它们给出了作用在叶轮盘面的一个圆环部分上推力和转矩与水动力螺距角和叶片剖面特性的关系。从这两个等式中可以看出，阻力的存在使转矩和功率减小，推力增大。

3. *动量叶素理论* (BEM)

动量叶素理论的基本假定是穿过叶轮盘面的水流没有径向流动。严格说来，只有当轴向诱导因子 a 不随半径变化时，该假定才成立。事实上，叶轮盘面各处的轴向诱导因子不尽相同。尽管如此，Lock 在 1924 年通过测试水流穿过螺旋桨盘面时的特征证明了水流径向无干涉的假设是可接受的。

根据式 (4-36) 和式 (4-48) 两式相等，可得

$$4a\left(1-a\right)\pi\rho U_\infty^2 r\mathrm{d}r = B\frac{1}{2}\rho U_{\mathrm{rel}}^2 \left(C_l\cos\varphi + C_d\sin\varphi\right) c\mathrm{d}r \tag{4-50}$$

同样，根据式 (4-37) 和式 (4-49) 两式相等，可得

$$4a'\left(1-a\right)\pi\rho U_\infty \Omega r^3\mathrm{d}r = B\frac{1}{2}\rho U_{\mathrm{rel}}^2 \left(C_l\sin\varphi - C_d\cos\varphi\right) cr\mathrm{d}r \tag{4-51}$$

将式 (4-50) 和式 (4-51) 分别进行化简，

$$\frac{a}{1-a} = \frac{\sigma_r}{4\sin^2\varphi}\left(C_l\cos\varphi + C_d\sin\varphi\right) \tag{4-52}$$

$$\frac{a'}{1+a'} = \frac{\sigma_r}{4\sin\varphi\cos\varphi}\left(C_l\sin\varphi - C_d\cos\varphi\right) \tag{4-53}$$

式中, σ_r 为半径 r 处的弦长稠度，它的定义是叶轮半径 r 处各个叶片弦长之和与半径为 r 的圆的周长的比值，即有

$$\sigma_r = \frac{Bc}{2\pi r} \tag{4-54}$$

式 (4-52) 和式 (4-53) 分别将轴向诱导因子 a 和周向诱导因子 a' 表示成二维翼型剖面升力和阻力特征的函数。可以利用上述两式进行迭代求出轴向和周向诱导因子。首先假定 a 和 a' 的初始值均为 0，从而可以求得 φ，C_l，C_d，代入式 (4-52) 和式 (4-53) 中可以求得 a 和 a' 的新值，重复迭代直至收敛。在得到了叶轮各个半径处 a 和 a' 的值之后，就可以通过积分求出叶轮的转矩和功率。

到目前为止，已经得出了用动量叶素理论来估算水轮机叶轮的水动力性能的方法。同样地，也可以利用动量叶素理论对叶轮叶片形状进行优化设计。

4.2 数值模拟

为了更加准确地预测一个潮流能水轮机 (或阵列) 的表现，理论分析远远不够，研究人员还需要更加先进的数值方法。这些数值方法可以分为：势流方法和 N-S 方程方法 (NSEM)。

4.2.1 势流方法

正如 4.1 节所提到的那样，动量理论是一个经典的势流方法，它一直被用于风机的研究。文献 [73] 介绍了风机和潮流能水轮机之间最主要的差异，即空泡。然而，由于对流体流动描述的局限性 [74−76]，动量理论不能够为分析水轮机提供足够的信息。因此，为了进行水轮机优化 [77] 或研究水轮机阵列和环境之间的相互作用，研究人员提出了其他的势流方法。

涡方法和边界元方法是更加先进的势流方法。在过去的几年里，它们已经被用于研究潮流能水轮机。研究人员可以利用涡方法来研究二维流动 [78,79] 和三维流动的尾流 [80]。Li 和 Çalişal[79] 描述了水轮机的尾流，并引入了尾流耗散的黏性效应。在此基础上，研究人员能够更加准确地描述水轮机的尾流和预测水轮机的性能。同时，他们也发现涡强度的衰减率会极大地影响数值结果。最近，Maniaci 和 Li[81] 在涡方法的方程中引入了附加质量的影响。为了描述涵道式涡轮，Goude 和 Ågren[82] 在涡方法中引入了壁面效应的影响 [83]。

边界元方法使得研究人员能够研究水轮机叶片的水弹性问题 [84−87]。Young 等 [85] 展示了一个结合边界元方法和有限元方法来研究瞬态流动中叶片响应的实例。Nicholls-Lee 等 [87] 则通过结合边界元方法和有限元方法来研究叶片扭角是如何减小推力并增大功率的。值得注意的是，边界元方法使得研究人员能够同时考虑

水轮机的结构动力学问题，但却不能很好地描述水轮机的尾流。因此，发展出一个结合涡方法和边界元方法的混合方法会很有帮助 [88]。

另一个值得注意的势流方法是保角变换法 [89]。在结合快速傅里叶变换之后，保角变换法能够非常快速地进行水动力和水弹性计算。保角变换法能够在更短的时间内得到与涡方法精度相当的解，但是它只能应用于二维单叶水轮机 [90]。这极大地限制了保角变换法的运用。

4.2.2 N-S 方程方法

边界层分离和湍流的黏性效应对于预测水轮机的水动力十分重要。尽管引入了经验项，但是势流理论依然难以反映并描述它们。因此，研究人员常常利用 N-S 方程方法来获得完全考虑黏性效应的解。N-S 方程是直接从基本的物理原理 (动量守恒、能量守恒和质量守恒) 中推导出来的流体流动的控制方程。常用的 N-S 方程方法包括直接数值模拟 (DNS)、大涡模拟 (LES)、分离涡模拟 (DES) 和雷诺平均 N-S 方程方法 (RANS)。

在上述四种方法中，RANS 消耗的计算资源最少，因而最容易实现 [91]。许多研究人员采用商业软件来实现 RANS[92−96]。Harrison 等 [92] 比较了 CFX 得到的 RANS 结果和试验数据。Yang 和 Lawn 利用 FINE/Turbo 模拟了二维的垂直轴水轮机。Lawson 等 [96] 利用 STARCCM+ 模拟了双转子系统。Sun 等 [97] 利用 FLUENT 进行了一个水平轴水轮机的全面模拟。少数研究人员也开发出了他们自己的 RANS 代码。例如，Li 等 [98] 开发出一个能够模拟靠近自由表面的潮流能水轮机阵列的 RANS 代码。这些研究的结果表明，在可接受的误差范围内 RANS 能够较为准确地预测水轮机在湍流中的性能，但是在有自由表面和复杂地形的情况下 RANS 需要消耗大量的计算时间。因此，研究人员又提出了一些混合方法，例如，结合 RANS 和动量理论的方法 [99−102]。这些方法得到的尾流结果与 RANS 得到的尾流结果很相近，只是在近尾流区精度有所降低。

不过，RANS 也有一个缺点，就是它假定流场各处均为湍流，从而使得重要的现象被平均了。近来，随着高精度计算技术的进步和理解流动机理的需求变强，LES 开始被用于模拟潮流能水轮机。Churchfield 等 [103] 运用 LES 和制动盘模型模拟了一个大型潮流能水轮机阵列。Kang 等 [104] 运用 LES 模拟了一个在槽道湍流作用下的水轮机，并用试验数据证实了数值结果。

到目前为止，只有少数的研究人员运用 DES 和 DNS 来模拟潮流能水轮机。例如，Romero-Gomez 和 Richmond 通过结合 DES 和离散元方法研究了鱼和水轮机叶片的碰撞问题 [105]。关于 CFD 模拟的详细内容，可参见本书第 3 章的相关内容。

4.3 潮流能水轮机组分析

目前很多国家都已经进行了潮流能水轮机的实验、安装，并且投入运行，然而想要真正地大规模利用潮流能，必须利用水轮机阵列，通过在适合的水道等地点布置大量水轮机来获取水道中的能量。在进行大规模的潮流能开发之前，潮流能能量和水轮机利用效率的计算是非常重要的，了解这些能够帮助我们合理地布置一定数量和位置的水轮机，从而有效地获得能量。对于某一潮流情况固定的水道而言，在未放置水轮机之前，由于水道地形和底部摩擦阻力的作用，整个水道的潮流能将有少量的散失，如图 4-8 中 B 点所示 [130]。如果在河道中布置水轮机，则潮流所受到的总阻力将增加，此时水轮机能够从潮流中有效地获取能量，但整个河道所损失的能量也显著增加。当大量的足够多的水轮机布置在河道中时，如图中 E 点所示，流动所受到的总阻力增加到一定程度，流动将最终停止，使得水轮机获取的能量减小为零。因此我们认为，总的能量的耗散和水轮机获取的能量存在着最大值，分别为图上 C、D 点。

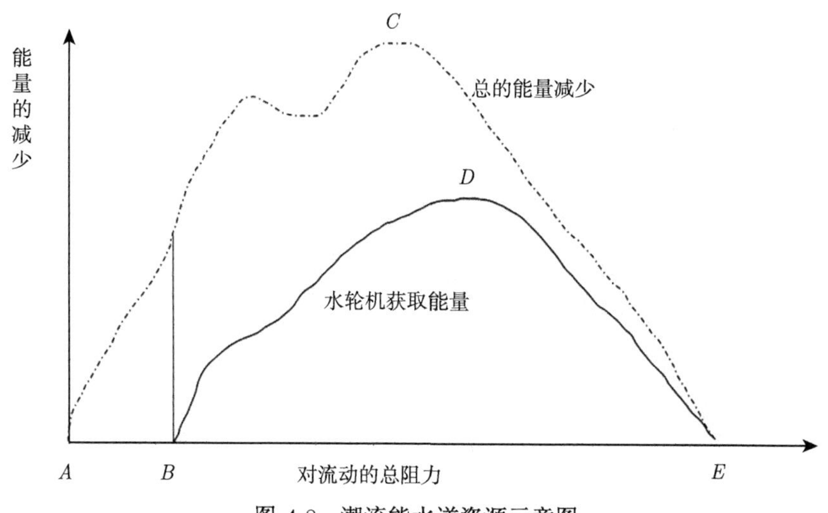

图 4-8 潮流能水道资源示意图

从图 4-8 中可以看出，要想计算如何获得的最大能量，既需要建立河道动力学模型，确定获取能量和总的能量散失之间的关系，同时也需要确定水轮机对流动的阻力的影响本节将采用理论分析的方法，讲解求解上述问题时所建立的数学模型。同时，将分三个部分，分别介绍单机模型、阵列模型和水道模型。图 4-9 为理论模型的包含范围示意图。

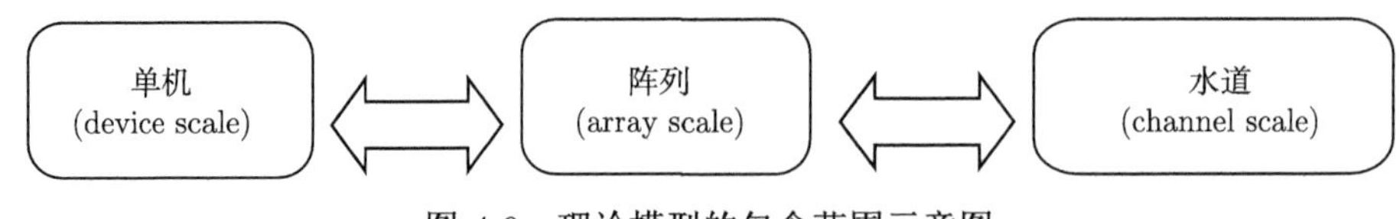

图 4-9 理论模型的包含范围示意图

4.3.1 理想情况下水轮机流场模型

理想情况下的水轮机流场可以用线性动量盘理论 (linear momentum actuator disc theory, LMADT) 来近似描述。传统 LMADT 理论即应用于风机中的贝茨理论，如图 4-10 所示，该理论已经在第 3 章力学理论部分做了简要介绍。流场的内域被视为包含着通过盘面的流体的流管，内域与外域均为定常无黏的流体，流体的黏性和旋转的作用则被限制在流管的边界上。水轮机被模拟为一个沿流向的动量汇，也可以被视作对流场提供沿流向的力。由于水轮机和风机在结构和作用机理上具有一定的相似性，因此 LMADT 理论自然地被引入到水轮机的研究之中。事实上，不同的水轮机可能会具有不同的物理特性，但一般而言获取能量最有效的水轮机装置仍然是尽可能多地从流向上获取动量，而减小对于流场的周向影响。基于这一点，可以认为 LMADT 理论实际上提供了一个水轮机获能的理论上限。

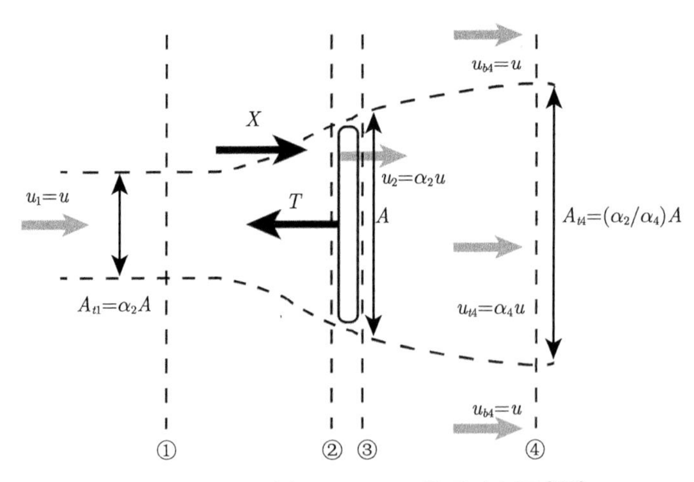

图 4-10 无界流场 LMADT 模型示意图 [130]

传统的 LMADT 理论 (贝茨理论) 实际上适用于无界流体。无界流体与风机的流场比较相似。然而对于水轮机而言，无界流场理论仅适用于流场边界无限远的情况，例如，在一个非常宽的河道中布置一个水轮机，水轮机对外域所产生的作用可以忽略不计。然而实际情况下，水轮机往往布置在有限流场中，尤其是对于水轮机阵列而言，传统的 LMADT 理论已经不能很好地模拟流场。图 4-11 为有界流场 LMADT 模型示意图。

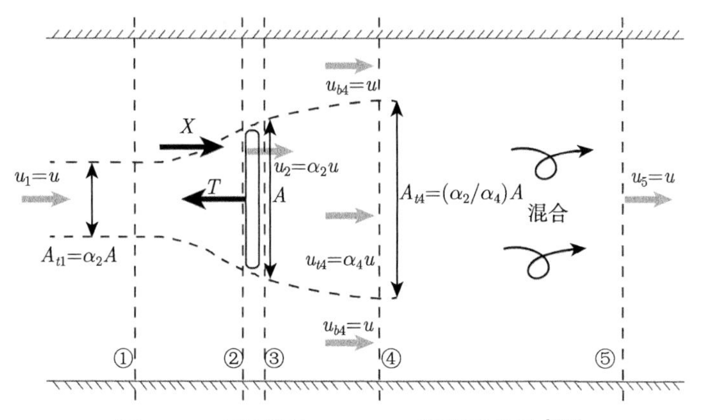

图 4-11 有界流场 LMADT 模型示意图 [130]

考虑受到平行于流场的物理边界限制的流场，如图 4-12 所示，这与实际水轮机乃至水轮机阵列的工作流场相吻合 [131]。有限流场使得我们可以定量地描述水轮机对于流场的阻塞效应 (blockage effect)，阻塞系数通常取为水轮机盘面的有效面积与流场横截面积的比值：

$$B = A_{\text{turbine}}/A_{\text{crosssection}} \tag{4-55}$$

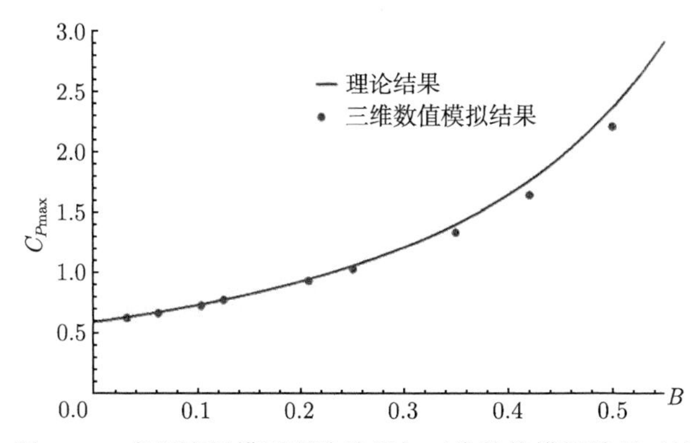

图 4-12 有限流场模型理论结果与三维数值模拟结果对比

与贝茨理论不同的是，盘面的速度除了与图 4-10 中截面④处的速度有关之外，还与阻塞系数有关，盘面的进速系数为

$$\alpha_2 = \frac{1+\alpha_4}{(1+B)+\sqrt{(1-B)^2+B(1-1/\alpha_4)^2}} \tag{4-56}$$

其中，α_4 为内域中尾迹开始处的速度与初始速度的比值，B 为阻塞系数。

盘面的阻力系数和功率系数分别为

$$\begin{cases} C_T = \beta_4^2 - \alpha_4^2 = (1-\alpha_4)\left[\dfrac{(1+\alpha_4)-2B\alpha_2}{(1-B_L\alpha_2/\alpha_4)^2}\right] \\ C_P = \alpha_2 \cdot C_P \end{cases} \tag{4-57}$$

其中，β_4 为外域中尾迹开始处的速度与初始速度的比值。数值计算结果表明，当 α_4 为 1/3 时，功率系数有最大值，为

$$C_{P\max} = \frac{16}{27}\left(\frac{1}{1-B}\right)^2 \tag{4-58}$$

可以看出，阻塞效应的存在使得水轮机的功率系数突破了贝茨理论的限制，随着阻塞系数的增加，水轮机的最大功率也将随着增加。

有界流场模型的建立，除了考虑了阻塞效应之外，更为重要的一点是能够近似地模拟尾迹的混合，从而计算水轮机能量的利用效率。尾迹的混合将耗散掉一部分能量，分别建立尾迹和总流场的动量守恒方程，可以得到由于尾迹的混合所耗散掉的能量：

$$P_W = \frac{1}{2}\rho u^2 A_{\text{turbine}}\alpha_2(1-\alpha_4)^2\left(1+\frac{B\alpha_2(1-B\alpha_2)}{\alpha_4^2(1-B\alpha_2/\alpha_4)^2}\right) \tag{4-59}$$

水轮机能量的利用效率被定义为水轮机从水流中获取的能量与水流耗散的能量的比值，即

$$\eta = \frac{P}{P+P_W} = \alpha_2 \tag{4-60}$$

有界流场的理论模型可以非常容易地使用数值计算方法来进行验证。雷诺平均制动盘模型 (RANS-acatuator disk) 由于与线性动量理论非常相似，都将水轮机视作流场中的动量汇，因此在众多的水轮机模拟方法中，雷诺平均制动盘模型最适合用来检验一维理论模型是否能够模拟三维的流动 [132]。在该三维数值模拟模型中，盘面处的动量损失为

$$M_x = K\frac{1}{2}\rho u_d^2 \tag{4-61}$$

式中，K 为动量损失系数，u_d 为盘面处的速度。三维数值模拟的结果如图 4-12 所示，可以看出线性动量方法的理论分析结果与三维数值模拟结果是相符的。

但是上述的有界模型假设水流流过水轮机时液面不发生变化，这与试验的观测结果和物理事实不符，当液面压力发生变化时，自由表面的高度也会发生变化。因此上述模型只能适用于 Fr 数几乎为 0 的情况，当 Fr 数为有限值时，需要考虑自由液面和重力的作用，如图 4-15 所示，此时的流场沿纵剖面建模，底部可以视为平行于流场的几何边界，而上部视为大气压力边界。

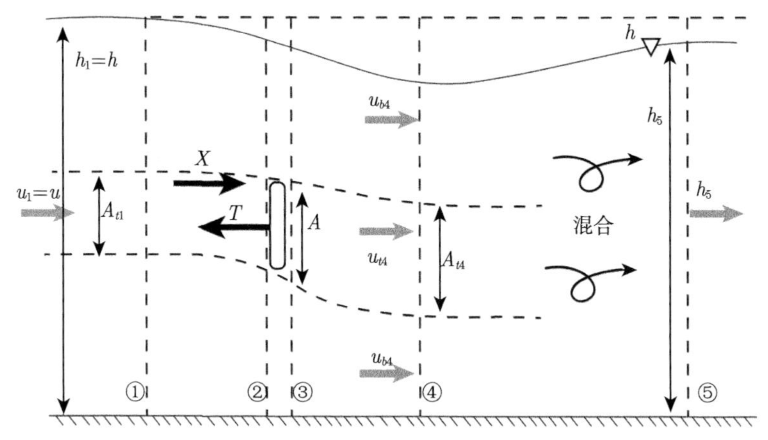

图 4-12 考虑自由表面的有限流场 LMADT 模型示意图 [130]

此时，盘面处的进速系数除与阻塞系数、压力平衡处内域进速系数有关之外，还与外域的进速系数有关：

$$\alpha_2 = \frac{\alpha_4}{B_A(\beta_4 - \alpha_4)}\left[\beta_4\left(1 - \frac{Fr^2}{2}(\beta_4^2 - 1)\right) - 1\right] \tag{4-62}$$

尾迹开始处，即截面④的内域和外域进速系数之间的关系为

$$\begin{aligned} &Fr^2\beta_4^4 + 4\alpha_4 Fr^2\beta_4^3 + (4B - 4 - 2Fr^2)\beta_4^2 \\ &+(8 - 8\alpha_4 - 4Fr^2\alpha_4)\beta_4 + (8\alpha_4 - 4 + Fr^2 - 4\alpha_4^2 B) = 0 \end{aligned} \tag{4-63}$$

功率系数和阻力系数的计算与前述模型相同，对尾迹处和总流场建立模型，可以得到水流流过水轮机之后的液面变化的求解公式：

$$\left(\frac{\Delta h}{h}\right)^3 - 3\left(\frac{\Delta h}{h}\right)^2 + \left(1 - Fr^2 + \frac{C_T B Fr^2}{2}\right)2\left(\frac{\Delta h}{h}\right) - C_T B Fr^2 = 0 \tag{4-64}$$

能量的利用效率也与 Fr 数和液面变化有关：

$$\eta = \frac{P}{P + P_W} = \alpha_2 \frac{\left(1 - \dfrac{\Delta h}{2h}\right) - Fr^2\left(1 - \dfrac{\Delta h}{h}\right)^{-1}}{1 - Fr^2\left(1 - \dfrac{\Delta h}{2h}\right)\left(1 - \dfrac{\Delta h}{h}\right)^{-2}} \tag{4-65}$$

模型的计算结果显示，考虑自由液面和重力效应之后，相比于有限流场模型，盘面的功率系数、阻力系数将显著增加，而能量的利用效率则会降低，这主要是尾迹混合开始处液面下降，使得尾迹的混合程度增加，从而导致能量散失变大。

4.3.2　水轮机排布阵列模型

水轮机布满整个河道时，每个水轮机的流场均可用上述的有限流场模型来模拟。然而在实际的潮流能开发中，对于某个水道，由于地形以及航道的限制，只有部分宽度可以用来开发潮流能。考虑在沿水深方向只有一个水轮机的情况，当足够多的水轮机阵列排布于有限宽度水道截面时，数值模拟的结果显示将会产生单机尺度和阵列尺度两种不同的流场，因此要想计算此时水轮机的能量获取，不能直接使用有限流场模型。图 4-13 为单机与阵列流场的有界 LMADT 模型。

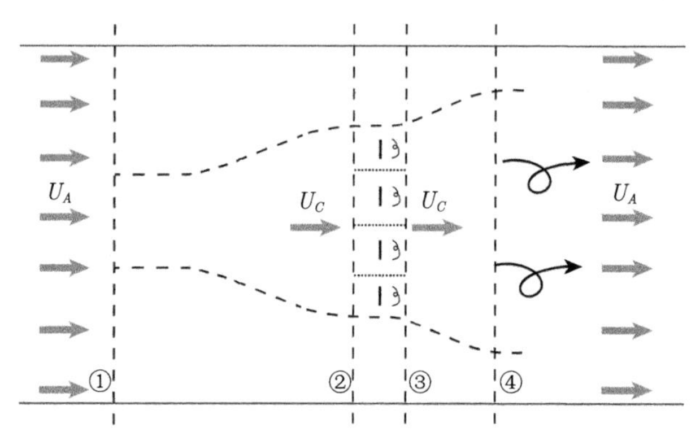

图 4-13　单机与阵列流场的有界 LMADT 模型

建立单机尺度与阵列尺度耦合的有界 LMADT 流场模型，此时对于单个盘面流场模型上游的来流速度不再是河道中水的平均流速 U_A。假定相比于阵列尺度的流场长度，单个盘面的流场长度较小，因此在阵列尺度的内域扩张可以忽略，即截面②③之间的流场边界平行于流向。单个盘面流动分离的混合由于受到流动边界的限制更大，因此尾迹的混合速度要远快于阵列尾迹的速度，我们认为单个盘面的尾迹混合发生在阵列流场的流动分离之前 [127]。基于以上的假设，可以写出耦合条件。

截面②③之间的盘面阵列可以被视为一个更大的盘面，该盘面处的流速 U_C 即单机尺度的上游进速。

单个盘面与阵列盘面的阻力存在着耦合关系：

$$T_A = nT_L \tag{4-66}$$

其中，T_A，T_L 分别为阵列与单机模型计算得到的阻力，n 为水轮机盘面的数量。这样的耦合关系既符合物理规律，同时也可以通过求解单个盘面模型的压力降来得到

$$T_A = A_A \cdot \Delta p = nT_L \tag{4-67}$$

应用有限流场模型求解单个盘面和阵列的流场，会分别得到这两个系统的方程组，再应用耦合条件，即可使得方程组封闭。但这里需要注意的是，两个不同尺度的模型会用到不同的阻塞系数，这里我们定义单机阻塞系数：

$$B_L = \frac{\frac{\pi d^2}{4}}{h(d+s)} \tag{4-68}$$

其中，h 为水深，d 为盘面直径，s 为盘面间距，$\frac{\pi d^2}{4}$ 为盘面面积，$h(d+s)$ 为局部流场面积。

阵列阻塞系数为阵列面积与流场面积的比值，即

$$B_A = \frac{hn(d+s)}{wh} \tag{4-69}$$

其中，n 为水轮机的数量，w 为河道的总宽度。

全局阻塞系数为总盘面面积与流场面积的比值，即

$$B_A = \frac{n\frac{\pi d^2}{4}}{wh} \tag{4-70}$$

从水轮机能量的利用效率角度而言，使用全局功率来衡量更为恰当：

$$C_{\text{PG}} = \frac{n\text{个盘面吸收的总能量}}{\text{流量} \times \text{总的盘面积}} \tag{4-71}$$

而从水道能量利用的效率来讲，应该使用阵列功率来衡量：

$$C_{\text{PA}} = \frac{n\text{个盘面吸收的总能量}}{\text{流量} \times \text{阵列面积}} \tag{4-72}$$

计算过程在此不再详述，最终的结果显示，存在一个特定的横向间距 s，使得水轮机的全局功率达到峰值，这为实际布置水轮机提供了参考依据。

4.3.3 水道动力学模型

我们应该注意到，之前的模型都是建立在流速固定的情况下的。事实上，在一个流场中，正如在本节开头所讲到的，对于流场施加力会导致流场本身发生改变 [134]。本小节将描述较阵列流场范围更大的水道动力学模型。

近岸水域的动力学可以用浅水方程 (shallow water equation) 来进行描述，在不考虑黏性的情况下，描述近岸流场的浅水方程通常可以写为

$$\begin{cases} \dfrac{\partial h}{\partial t} + \dfrac{\partial (uh)}{\partial x} + \dfrac{\partial (vh)}{\partial y} = 0 \\ \dfrac{\partial (uh)}{\partial t} + \dfrac{\partial (u^2 h)}{\partial x} + \dfrac{\partial (uvh)}{\partial y} = -gh\dfrac{\partial \zeta}{\partial x} - \dfrac{\tau_x}{\rho} + fvh \\ \dfrac{\partial (vh)}{\partial t} + \dfrac{\partial (uvh)}{\partial x} + \dfrac{\partial (v^2 h)}{\partial y} = -gh\dfrac{\partial \zeta}{\partial y} - \dfrac{\tau_y}{\rho} - fuh \end{cases} \tag{4-73}$$

其中，h 为水深，ζ 为高于平均水深处的自由表面高度，τ_x, τ_y 分别代表 x 和 y 方向处的底部摩擦力，f 代表科氏力系数。但三维浅水方程的求解比较复杂，Cockburn[130] 使用间断伽辽金有限元方法对流场进行求解，本书在此不做详细介绍，重点讲述简化模型的理论求解方法。

考虑一维的浅水方程来描述连接两个水域的水道，忽略科氏力的影响，则该水道的动力学方程可以写为 [134]

$$\frac{\partial u}{\partial t} + u\frac{\partial u}{\partial x} = -g\frac{\partial \zeta}{\partial x} - F \tag{4-74}$$

其中，$\dfrac{\partial \zeta}{\partial x}$ 代表水道首尾两端的液面差的方向导数，提供了水流流动的压力。F 代表着与水流方向相反的阻力，包括了摩擦阻力与水轮机的存在所导致的力。在这里 F 只是 x 的函数，因此在一维模型中不考虑水轮机放置位置的影响。假设流量和水道的截面积不发生变化，忽略水道的摩擦阻力和入口及出口处的速度，对该式沿流向积分，可得

$$\begin{aligned} c\frac{\mathrm{d}Q}{\mathrm{d}t} - g\zeta_0 &= -\int_0^L F\mathrm{d}x \\ c &= \int_0^L A^{-1}\mathrm{d}x \end{aligned} \tag{4-75}$$

其中，Q 为流量，只是时间的函数。假设潮流差为余弦函数的形式：

$$\zeta_0 = a\cos\omega t \tag{4-76}$$

水轮机所施加的阻力视为速度，即流量 (速度) 的幂函数：

$$\int_0^L F\mathrm{d}x = \lambda Q^n \tag{4-77}$$

代入积分形式的一维浅水方程中，得

$$c\frac{\mathrm{d}Q}{\mathrm{d}t} - ga\cos\omega t = -\lambda Q^n \tag{4-78}$$

在这里，给出 n 为 1，即阻力与流量呈线性关系时方程的解析解：

$$Q = \frac{ga(\lambda\cos\omega t + c\omega\sin\omega t)}{\lambda^2 + c^2\omega^2} \tag{4-79}$$

这与 Garrett 和 Cummins 给出的解析解的形式有所区别，但最终的结果是一致的。流场损失的平均能量可以表达为

$$P = \overline{\rho Q\int_0^L F\mathrm{d}x} \tag{4-80}$$

式 (4-80) 中的横杠 "—" 代表在一个周期之内进行平均，将结果代入，可以得到功率的最终表达式为

$$P=\frac{(1/2)\rho\lambda g^2a^2}{\lambda^2+c^2\omega^2} \tag{4-81}$$

与所期待的一致，该结果的形式如图 4-14 所示，当 λ 逐渐增大时功率将首先增加，达到一个最大值之后则开始逐渐减小。当 n 取其他值时，功率的趋势与此相同。在 n 为 1 的情况下，平均功率在 $\lambda=c\omega$ 处取得最大值，结果为

$$P_{\max}=\frac{1}{4}\rho gaQ_0 \tag{4-82}$$

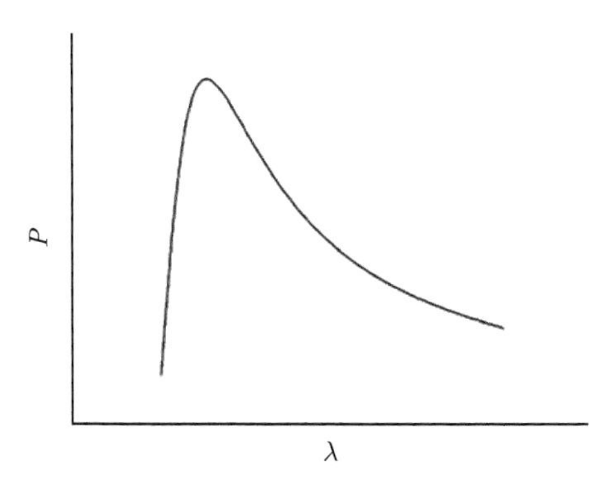

图 4-14　n=1 时功率函数的趋势

其中，Q_0 为无阻力时的流量峰值：

$$Q=Q_0\sin\omega t,\quad Q_0=ga(wc)^{-1} \tag{4-83}$$

功率最大时流量的峰值约为没有阻力时的 71%。

在水道动力模型的基础上，可以将水轮机放置所产生的阻力 F 用前述的 LMADT 的理论结果来表示。这里我们考虑最简单的情况，将水轮机均匀地布满水道的宽度，且不考虑水轮机所引起的自由液面的变化。在该假设下可以用有限流场 LMADT 模型来描述水轮机的受力。若假设水道截面近似为面积相同的矩形，则一维浅水方程可以写为 [135]

$$AL\frac{\partial u}{\partial t}=-gA(\zeta|_{x=L}-\zeta|_{x=0})-C_DWL\,|u|\,u-C_TA\,|u|\,u \tag{4-84}$$

其中，A 为截面面积，W 和 L 分别为水道宽度和长度。根据有限流场 LMADT 模型，阻力值可以取为

$$F=\rho N_RA_L\cdot C_{\mathrm{TL}}\cdot u^2 \tag{4-85}$$

其中，C_{TL} 即有限流域模型中的阻力系数，可以视为尾迹混合开始处内域进速系数的 α_4 和阻塞系数 B 的函数。N_R 为水轮机的排数，这里假设沿流向水轮机之

间的流场不会互相影响，则水道模型中的阻力系数 C_T 可以视为 (N_R, α_4, B) 的函数。Vennell[139] 使用数值方法求解了该模型，并得出了一些结论。在这里只给出模型，有兴趣的读者可以参考其文章。

4.3.4　水轮机尾迹及机组的数值模拟

与进流的湍流效应相比，尾迹对水轮机物理特征的影响更早地被考虑。简单地说，参考对风机的研究工作，旋转轮机的尾迹的重要性主要体现在以下三个方面：

(1) 直接地影响了轮机的性能和稳定性，进而影响了对水轮机的设计；

(2) 对其他水轮机组产生干扰作用，进而影响了轮机组分布的设计；

(3) 对环境流动会产生很大的影响。

对于潮流能发电机，由于至今还没有实际的商业化的轮机组，因此，仅从前两个方面来讨论其影响。

1. 单个水轮机的尾迹

单个水轮机的尾迹和风机的尾迹是很相似的，由于水和空气的黏性不同，会使得涡量的衰减上有区别。在近期对水道的测量中，Chamorro 等 [120] 研究了水平轴水轮机尾迹的结构。尾迹的结构受到边界层流动的影响，进而与水流的深度、池壁的宽度有关。水渠的几何现状决定了平均流速的分布，而在 15 倍直径的尾迹区内，尾迹仍然远未达到受干扰前的状态 (图 4-15)。和同等尺度风机的尾迹比起来，水

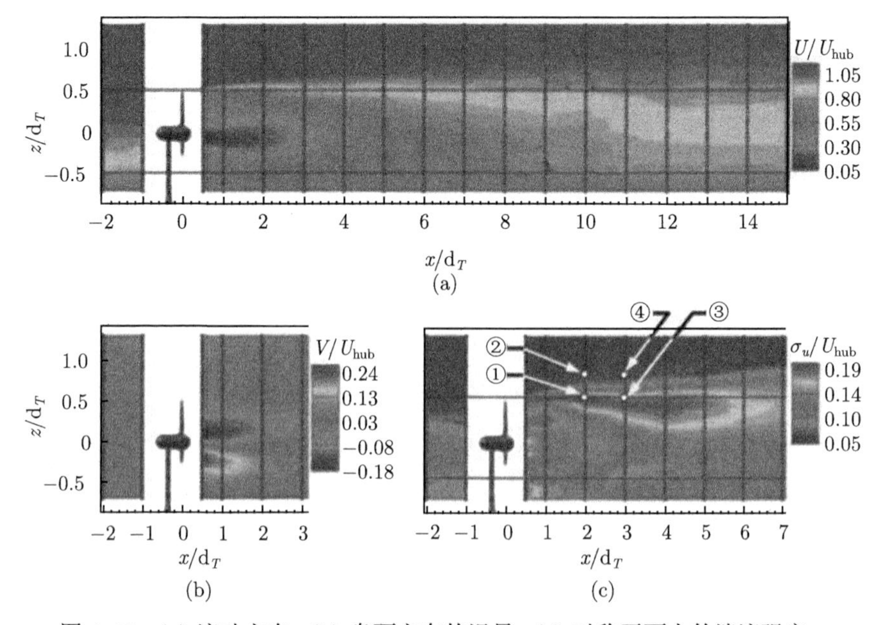

图 4-15　(a) 流动方向；(b) 盘面方向的涡量；(c) 对称平面上的湍流强度

轮机的尾迹区内，靠近底部和顶部区域有更加强烈的湍流 [136]。可能的原因是，水渠中的流动会受到自由面的影响，而风机在风动中测量时，来流是均匀的。Tedds 等 [134] 的工作表明，在风机尾迹的模拟中，各向同性的模型只能被用在 4~5 个半径距离的尾流区内，因为之后区域水轮机的尾迹会和周围环境中的流动混合。对于垂直轴的水轮机，Li 和 Çalişal 同样分析了其尾迹的结构，结果表明其尾涡在小段距离之后就有明显的与周围环境的流动混合的倾向。这可能是因为垂直轴水轮机的尾迹和水平轴相比更加的不稳定。

总而言之，水轮机的尾迹是考虑水轮机水动性能的关键，尤其是考虑对下游其他水轮机的影响。湍流的强度、湍动能以及涡量的强度都可以帮助提高设计的质量。

2. 多个水轮机的尾迹影响

1) 水轮机尾迹相互干扰

考虑到水轮机工业化和商业化，水轮机与尾迹的相互影响是一个十分关键的现象，并且与风机有着很多不同的地方。这是因为，潮流能的方向总是非常得稳定，而风的方向则不这么稳定。更重要的是，水轮机组的布置，总是处在一个狭窄的区域，所以必须要有一个好的策略来利用有限的空间来布置机组。当来流的方向稳定时，可以更好地利用这些水轮机之间的水动力相互影响。从结果上看，水轮机组输出的功率和整个系统的稳定性都可以通过有效的布置得以提升。

水轮机间尾迹的相互干扰可以通过两种策略来考虑：

(1) 水轮机间的互相影响 (把单个水轮机考虑成一个整体)；

(2) 叶片之间的互相影响 (把单个水轮机考虑成多个叶片)。

显然，第一种策略比第二种要简单，通常第一种策略用于考虑一个较大的计算域。对第二种策略，Li 和 Çalişal 进行了一下综合的数值和试验研究。结果展示了水轮机性能 (能量的获取和稳定性) 和水轮机间位置排布的关系 (两个水轮机距离的关系和流动的方向)。另外，他们发现，优化距离以后得到的总能量比两个相距足够远的水轮机产生的总能量要高 25%。这是因为，两个水轮机在适当的排布后，可以有效利用两个水轮机泄涡的互相影响。尾涡的强度根据位置发生改变，因此可以根据这个分布的关系，优化布置两个水轮机来获得有益的作用。同理，两个水轮机转矩的波动情况也会因为优化而减少。因此，位置优化对水轮机系统的稳定性也有提升。使用其他方法的类似研究也被扩展到了多个机组的互相影响。

虽然涡理论相对而言计算代价更小，但是它仍然要耗费大量的时间来计算大计算域内的总能量输出，即使考虑二三个水轮机，因为要计算到涡的传播，所以，采用第一种策略，不考虑叶片时，主要关注点放在水轮机对周围环境流动的互相影响以及尾涡区域内水轮机功率的变化上。因此，两种策略的另一个区别在于，第一种策略不是通过叶片上的升力，而是通过压力降，来计算水轮机产生的功率的。这种计算策略的方法可以追溯到对管道内轮机的计算，因为本质上，它和水渠里水轮机的计算是一样的。影响的关键都在于，水轮机的直径和水轮机间距以及计算域大小之间的比值关系。优化后，下游的水轮机的功率是上游水轮机功率的 75%~80%。另一个问题则在于，这种处理方法的可信度有多少？精度有多高？理论上，这种处理方法利用了能量通量守恒，因此原理上是正确的。

Nishino 和 Willden[137] 通过求解不可压缩的三维 RANS 方程来求解该问题。其中，水轮机模型利用了第一种方式，即用一个整体的虚拟盘面。

利用 CFD 的方法，Nishino 比较了他们所推导的理论模型和 CFD 的结果。主要计算了总的水轮机组的发电效率和推力的系数。

然而，第一种策略中，在计算压力降的公式里，单个水轮机的效率是提前给定的。因此必须了解流动的物理现象来评价这种策略。近期，Bahaj 和 Myers 针对这项问题做了一些综合性的工作，包括数值模拟和试验测试。在这个研究中，他们测试了一组划分了网格的盘面，并且模拟了相同直径的水轮机。用划分了网格的盘面这样一个块体，来代表实际水轮机是一种比较合适的方法。他们发现在超过 4~6 直径距离后的流场区域，两者具有较高的相似性。Li 和 Çalişal 也通过摄动方法取得了类似的结论。因此，用一整个块体代替实际水轮机来研究大尺度的水轮机组的方法，在精度上已经得到了验证。更加深入的讨论会在接下来的章节中阐述。

2) 水轮机组

最终，商业化的潮流能发电机，肯定是某种排布策略下的大量水轮机组的形式。研究水轮机组的主要目的在于分析其能量生成的能力，来辅助能源的评估。因此，对水动力学的关注点要放在较大的、区域性的、环境流动的层面 [138]。使用一维模型来模拟水渠内的水轮机组，将单个的水轮机处理成整个的块体。特别地，在研究初期，Garrett 和 Cummins 用动能通量的方法来评估资源，结果过度分析了能源潜在的总量，因为没有考虑水轮机对流动的影响。Garrett 和 Cummins 提出在两个水轮机间存在较为复杂的混合流动，当水道内的流速较低时，这种混合流动会加速潮流能耗散，不利于水轮机获取能量。因此，水渠潜在包含的能量和实际水轮机可以获取的能量会有一个明显的差异。在文献 [138] 中，Garrett 和 Cummins 假设自由流动的流速是一个定值，调整水轮机下游的流速为自由流动流速的 1/3，虽然这和他们在更早时期建立的模型不太相同。之后 Vennell[139] 继续调整了这个比值，以及水轮机的数量和流动条件。近来，类似的讨论主要扩展了接近自由面时的影响和浅水的情况 [140]。

以上这些研究考虑了水轮机之间的相互影响，但是水轮机只考虑成了一个块体，本章已经讨论了这种处理方法和实际轮机是有区别的。这种粗糙的方法和实际的物理会有比较大的差距。二维的涡理论在某种程度上要比一个块体的方式准确度更高，并且计算时间也在一个可以接受的范围内，不会有更多的参数需要调整。另外，由于实际流动中的复杂情况仍然没有彻底解决，所以一维模型目前只能用于海洋学的研究，但是难以用在水轮机组的设计上。近期，得益于大型计算机性能的提高，湍流影响下流动可以借助 LES 的方法来计算 [141]，不过目前还不能用于整个系统的优化和调整。

第 5 章　波　浪　能

本章主要讨论常见波浪能转换技术的力学问题及分析方法，关于这些技术的其他内容介绍，前文已详细论述，本章将不再列出。由于波浪能相关问题的研究方法及思路与潮流能的研究存在较大差距，为方便论述，本章节的逻辑结构将与第 4 章存在较大差距。

5.1　波浪能相关理论及数值模拟模型

按照运动形式及工作原理的差异，我们可以将波浪能转换装置的力学模型分为摆式模型、振荡水柱模型、鸭式模型以及点吸收式模型等，5.1.1 至 5.1.4 节将对波浪能转换的这几种典型力学模型的理论及模拟方法进行阐述。

5.1.1　摆式模型

本节讨论离岸坐底式波浪能转换装置的力学模型，模型简化成如图 5-1 所示。图中摆板在波浪作用下绕固定于海底的定轴转动，装置依靠摆板的转动带动发电机发电。

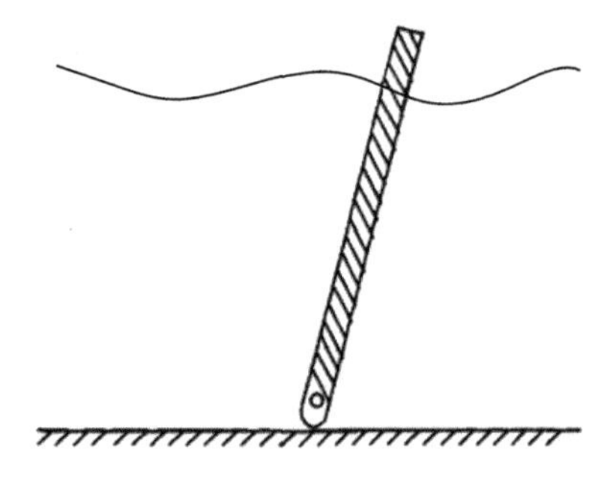

图 5-1　摆板模型示意图

国际上，摆板运动的动力学方程首先由日本学者在 1978 年给出：

$$(I+I_1)\ddot{\theta}+(N+N_1)\dot{\theta}+K\theta=M\sin\omega t \tag{5-1}$$

其中，I 为摆板绕底部定轴的转动惯量；I_1 为摆板在水中摆动时的附加转动惯量；N 为摆板在水中摆动的兴波阻尼系数；N_1 为发电机构对摆动的阻尼系数；K 为摆动时的静水回复力矩系数；θ 为摆板摆动的转角；M 为作用在摆板上波浪激振力矩的幅值，若波浪是线性规则波，则波浪激振力矩随时间呈正弦规律变化；ω 为规则波圆频率；t 为时间变量。

这里不作推导，该摆板装置对波浪能的吸收效率为

$$\eta = \frac{N}{(I+I_1)^2(\omega_0^2-\omega^2)^2+(N+N_1)^2\omega^2} \cdot \frac{8\rho\omega^3 A_0^2}{k_0^4 B_0} \tag{5-2}$$

当摆板固有频率 ω_0 与波浪圆频率 ω 相等且发电装置对摆板摆动的阻尼系数 N_1 与摆板兴波阻尼系数 N 相等，即 $\omega_0=\omega$，$N_1=N$ 时，可获得能量转换效率的极限值 $\eta=1$。

由此可以看出，摆板的固有圆频率和波浪圆频率相等是提高能量转换效率的关键。根据式 (5-2) 可推导出摆板在水中摆动的固有圆频率：

$$\omega_0 = \sqrt{\frac{K}{I+I_1}} \tag{5-3}$$

回复力矩系数 K 和转动惯量 I 容易求得

$$K = (\rho g V - mg)\,L \tag{5-4}$$

$$I = \frac{1}{3}mb^2 \tag{5-5}$$

其中，L 为摆板重心与水底的垂直距离；V 为摆板的排水体积；b 为摆板的长度；m 为摆板的质量。

摆式装置水动力性能的准确获取是计算其转换效率的基础，是波浪能装置优化设计的前提。对比两代 Aquamarine Power Oyster[142] 装置的摆体形式，不难发现第二代摆体的截面形式在第一代的基础上发生了较大变化，在设计尺度上虽然摆宽仅比第一代增加了 44%，但装机功率却增加了 154%。第一代到第二代 Oyster 装置的改进主要是水动力性能优化的结果 [143]。

目前，国内外已有较多关于摆式波浪能装置的研究成果，研究方法涉及解析分析、数值计算和模型试验。悉尼大学 Caska 和 Finnigan[144] 根据绕、辐射理论计算激振力和辐射力，采用 Morison 公式中的拖曳力项考虑黏性的影响，分析了圆柱形浮力摆装置的水动力性能。李继刚等 [145] 从力和功的角度探讨了悬挂摆装置吸收能量的实质，比较分析了几种摆体运动方程之间的区别和联系。

摆式装置水动力学数值模拟可分为基于 N-S 方程的黏性流体力学 (CFD) 方法和势流方法两大类，这两类方法的数学基础在第 3 章 3.2 节和 3.3 节已有论述，读者可自行参考。对于摆式装置的水动力性能分析，CFD 方法计算量过大，极其耗时，例如，Bhinder 等 [146] 采用 Flow-3D 软件在 35m×1.5m× 2.5m 的计算域模拟浮力摆装置 20s 的运行过程，竟花费了 5.63 小时的计算时间。在国内，田育丰

等 [147] 采用 k-ε 湍流模型在有限元软件 ADINA 平台上对无 PTO 阻尼的悬挂摆水动力性能进行了数值模拟，主要分析了摆板摆角和附近的波态。传统的时域势流模型同样存在计算效率低的问题，因而摆式波浪能装置水动力性能的数值分析目前大多采用频域势流模型，即忽略流体黏性和旋度。认为浮力摆与波浪同频率运动，分离出时间项，研究摆体动力响应的幅值。Alves 等 [148] 采用基于频域方法的 AQUADYN 软件计算水动力系数，分析了悬挂位置和外加约束对悬挂摆装置水动力性能的影响。Folley 等 [149] 采用频域模型分析了参数变化对浮力摆装置水动力性能的影响，考虑黏性因素时认为黏性损失正比于摆体转速的平方，并做了单色线性波、线性 PTO 阻尼、摆体小振幅摆动等诸多假设，重点关注了水深约 10m、波周期约 12s 的海况条件。

5.1.2 振荡水柱模型

本节研究岸式振荡水柱波浪能转换的力学模型，模型简图如图 5-2 所示。h 代表流域水深，A 是气口面积，B 是气室水平截面面积。

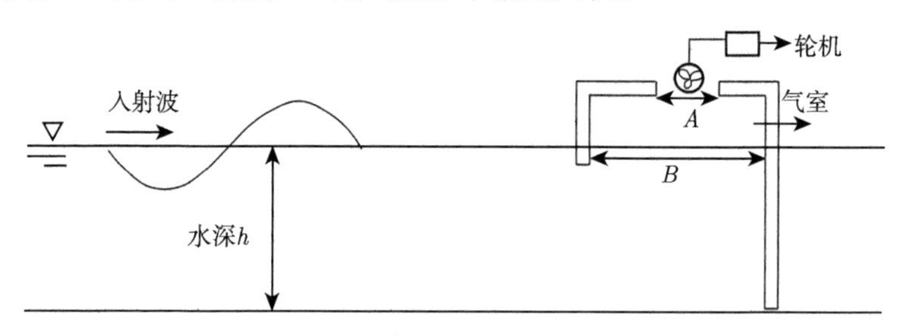

图 5-2 振荡水柱波浪能转换的力学模型示意图

振荡水柱式波浪能转换装置 (简称振荡水柱装置) 气室内的气体压强与自由液面的运动互相影响，存在复杂的气液耦合现象，需要引入压强模型处理。本模型假定气室内的压强与气口处的气体流速呈线性关系 [150]：

$$P(t) = C_{\mathrm{dm}} U_d(t) \tag{5-6}$$

或二次关系：

$$P(t) = C_{\mathrm{dm}} U_d(t) + D_{\mathrm{dm}} U_d(t) \left| U_d(t) \right| \tag{5-7}$$

其中，$U_d(t)$ 表示气口处的空气流速，C_{dm} 和 D_{dm} 分别为线性阻尼系数和二次阻尼系数，它们的值取决于气口处轮机的物理特性。在气口处空气流速与气室内压强很小的情况下可以假设空气不可压缩，因此气室内空气体积变化量应等于流入或流出气口的空气流量，由此可得

$$\frac{\Delta V}{\Delta t} = A U_d(t) \tag{5-8}$$

入射波浪会使振荡水柱装置气室内的水体作上下振动，从而推动气室内的气体在气孔两侧往复运动，推动轮机做功。波浪推动气体做功的功率可由下式求得：

$$E_t = P(t)v(t)B \tag{5-9}$$

波浪推动气体在一个周期内做功的平均功率为

$$E = \frac{1}{T}\int_t^{t+T} P(t)v(t)B \cdot \mathrm{d}t \tag{5-10}$$

其中，$v(t)$ 表示气室内平均水面的起伏速度。假定气室内的空气不可压缩且气口处流速呈正弦规律变化：

$$\begin{cases} Bv(t) = AU_d(t) \\ U_d(t) = U_0 \sin \omega t \end{cases} \tag{5-11}$$

将式 (5-7) 和式 (5-11) 代入式 (5-10) 可以推得

$$E = \frac{1}{2}C_{\mathrm{dm}}AU_0^2 + \frac{4}{3\pi}D_{\mathrm{dm}}AU_0^3 \tag{5-12}$$

由此可得气室内的能量转换效率：

$$\eta = \frac{E}{\frac{1}{8}\rho g H^2 b C_{\mathrm{g}}} = \frac{\frac{1}{2}C_{\mathrm{dm}}AU_0^2 + \frac{4}{3\pi}D_{\mathrm{dm}}AU_0^3}{\frac{1}{8}\rho g H^2 b C_{\mathrm{g}}} \tag{5-13}$$

式 (5-13) 中，分母为入射规则波在单位时间内流入振荡水柱装置的总能量，其中 H 为入射波高，b 为振荡水柱装置沿波峰线方向的宽度，C_{g} 为入射波的群速度。

关于振荡水柱装置的数值模拟，主要是利用数值方法研究气室及其能量一次转换过程。Count 和 Evans[151] 利用数值方法研究了多共振振荡水柱装置，他们发展了基于三维边界积分法的数值方法考察了这种装置的水动力性能，在其计算格式中，气室前的外计算域与气室内部区域的本征函数在开口处耦合。Malmo 和 Reitan[152,153] 将物理区域划分为简单形状的多个区域，通过运用格林函数的本征展开式，计算了恒定深度下设有前港池的振荡水柱装置的动力性能。

相对传统的装置，振荡水柱装置还需要计算由自由面作用增加的压力以及非平面波的效应。Evans[154] 将 Sarmento 和 Falcão[155] 对任意压力分布的计算格式扩展到二维和三维情况。Falnes 和 Mclver[156] 进一步发展了上述方法，引进了振荡体和振荡压力分布的概念，取得了较好的结果。

You[157] 与 You 等 [158] 通过数值计算方法考察了地形对近岸波浪能装置的影响。利用三维边界元方法求解 Laplace 方程，以描述装置附近波浪运动的速度势，而在自由面处需设置边界元来满足其边界条件问题。计算结果表明，波浪能装置附近的岸线地形和水深条件对其水动力性能影响很大。

Delauré和 Lewis[159] 建立了固定式振荡水柱系统的三维数学模型，运用一阶源偶分布方法描述定常条件下势流的边界值，谱分析方法求解系统响应。数值结果部分考察了在一定条件下前墙厚度和长度对系统的影响，但由于未对其他条件加以考虑，因此计算结果有待试验验证。

Wang 等 [160] 在 Wehausen 和 Laitone[161] 工作的基础之上，利用边界元方法求解三维浅水的格林函数，以预测岸式波浪能装置的水动力学性能。该方法不需要在自由水面处为边界条件设置额外的边界元，将外海与装置内的水面区域设为一体且外海水深恒定不变，由此可计算出入射波作用于装置上的外力及振荡水柱引起的辐射力。计算结果经过与实验对比，证明了方法的有效性和可靠性。

Lee 等 [162] 和 Brito-Melo 等 [163] 用直接计算方法预测振荡水柱装置的水动力特性，为求解气室内压力分布，他们改进了气室内自由面处的动力学边界条件，同时利用压力辐射法计算气室内往复气流的压力。计算结果证明边界元方法能够有效地计算波浪的绕射和衍射问题。Delauré和 Lewis[164] 提出一种计算岸式振荡水柱系统的数值模型，利用一阶混合面元法求解在定常边界条件下规则波与波浪能装置的相互作用。通过规则波与不规则波情况下的计算结果与试验结果对比，验证了该模型的可靠性。

5.1.3 鸭式模型

鸭式装置在前文已详细介绍，本节主要讨论 Salter[165] 提出的点头鸭波浪能发电模型。

为了得到点头鸭式波浪能发电装置的能量转换效率及其影响因素，1975 年，胡克等的一系列试验发现：由于鸭体后部呈圆形，在往复转动中排水量恒定，故无能量转化，因而原则上未被该装置吸收的能量是通过鸭体下部传播到鸭体背部的部分，由于波浪正向入射的衰减规律为入射波的能量 E 随水深 y 呈指数级衰减，用物理符号可表示为 $E \propto v_0 \exp(-2\pi y/\lambda)$，所以未被吸收的能量占总入射波能量的百分比为

$$\zeta = \exp\left(\frac{-4\pi d}{\lambda}\right) \times 100\% \tag{5-14}$$

其中，d 为鸭体浸没于水中的深度。

鸭式波浪能发电装置将吸收到的波浪能转化为鸭体运动的机械能。其能量损失可以通过比较鸭体的运动速度与未受扰动海水垂直于鸭体表面的流速之间的差异进行估算，其中一种估算公式为

$$R = \frac{\displaystyle\int (v_n - u_n)^2 \mathrm{d}s}{\displaystyle\int u_n^2 \mathrm{d}s} \tag{5-15}$$

其中，v_n 为鸭体速度，u_n 为未扰动海水垂直于受动体表面的流速，s 为鸭体表面面积。

利用上式计算不同形状、位置、速度等参数下鸭式装置的机械损失 R，可以得到它的最小值 $R_{\min}$，故鸭式波浪能发电装置的总吸收效率为

$$\eta = (1 - R_{\min}) \left[1 - \exp\left(\frac{-4\pi d}{\lambda}\right)\right] \tag{5-16}$$

Salter 等在多次试验后发现：要保证点头鸭式波浪能发电装置的转换效率在 90%以上，则鸭体后部圆形部分的半径与波浪波长的比值需满足下述关系式：

$$0.16 < \frac{r}{\lambda} < 0.2 \tag{5-17}$$

其中，r 为鸭式波浪能发电装置的背轮半径。

在理想状态下，Salter 点头鸭式波浪能发电装置将波浪能转化为机械能的效率可达到 90%。然而这一效率是在实验室中得到的，在各种实际运行条件下，鸭式波浪能发电装置的效率波动很大。为了获取足够的波浪能，鸭式装置通常工作在较恶劣的环境中，因此转换效率只有 50%左右。

5.1.4 点吸收式模型

图 5-3 所示为具有能量转换装置 (PTO) 的机械振动系统，适用于点吸收式波浪能量转换器 (FPA)。波浪激振力作用在一个由弹簧支撑的浮子上，浮子将产生往复运动，PTO 吸收浮子运动的机械能，将其转换成电能。

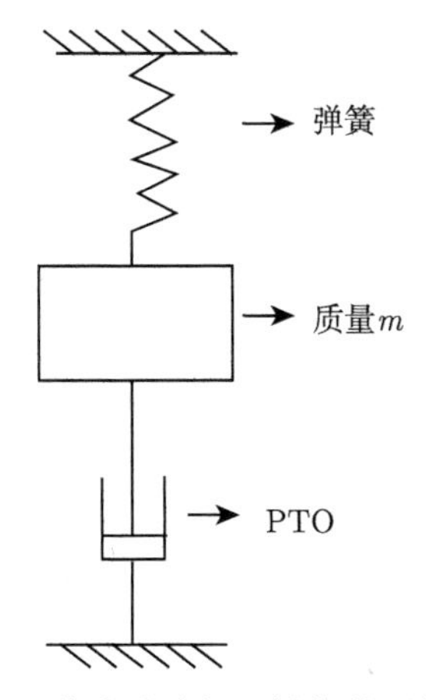

图 5-3 点吸收式波浪能量转换装置的力学模型

该 PTO 装置可简化成一个线性的“弹簧–阻尼”系统，当浮子在外界波浪激励下振荡时，该装置会给浮子施加稳定的弹性回复力和阻尼力。通常来说，点吸收式

波浪能转换器的浮子都被限制在垂向运动，根据牛顿第二定律，可列出运动方程：

$$m\ddot{x}+C_{\mathrm{PTO}}\dot{x}+(k_{\mathrm{PTO}}+c)x=F_{\mathrm{hd}} \tag{5-18}$$

式中，m 为浮子的质量；x 为浮子垂向位移；C_{PTO} 为 PTO 阻尼系数；k_{PTO} 为 PTO 弹性回复力系数；c 为浮子静水回复力系数；F_{hd} 为浮子受到的水动力，包括波浪力、浮子运动时的水动力等。

在每一时刻 PTO 装置理论上的发电功率应等于 PTO 施加在浮子上的阻尼力做的负功。若浮子垂荡运动速度为 u，其瞬时发电功率应为

$$P_{\mathrm{PTO}}=C_{\mathrm{PTO}}u^2 \tag{5-19}$$

下面考虑线性规则波中的理想情况，可用势流理论讨论该问题。图 5-4 中入射规则波沿 x 轴正向传播，h 为水深，ω 为波浪圆频率，k_0 为波数，A 为波幅，g 为重力加速度。PTO 装置的弹簧系统刚度默认为 $k_{\mathrm{PTO}}=0$。假设流体无黏无旋，不可压缩，则入射波的线性速度势为

$$\Phi_0=\mathrm{Re}\left[\phi_0\mathrm{e}^{-\mathrm{i}\omega t}\right] \tag{5-20}$$

$$\phi_0=\frac{gA}{\mathrm{i}\omega}\frac{ch\left[k_0(z+h)\right]}{ch(k_0h)}\mathrm{e}^{\mathrm{i}k_0x} \tag{5-21}$$

以浮子为研究对象，根据牛顿第二定律可列出垂荡运动方程：

$$(m+\mu)\ddot{Z}+(\lambda+C_{\mathrm{PTO}})\dot{Z}+C_{\mathrm{res}}Z=F_{\mathrm{ext}} \tag{5-22}$$

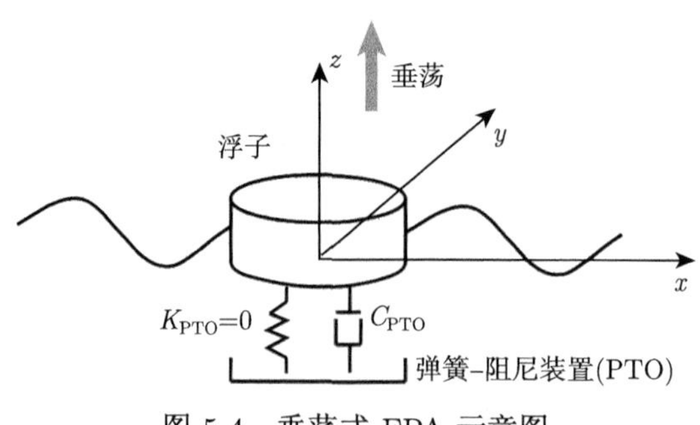

图 5-4 垂荡式 FPA 示意图

其中，m 为浮子固有质量，μ 为垂荡附加质量，λ 为垂荡兴波阻尼，C_{res} 为垂荡静水回复力系数，F_{ext} 为波浪激励力。在频域上，式 (5-22) 可以变为

$$\left[-\omega^2(m+\mu)-\mathrm{i}\omega(\lambda+C_{\mathrm{PTO}})+C_{\mathrm{res}}\right]z=f_{\mathrm{ext}} \tag{5-23}$$

由式 (5-23) 可得浮子在频域内的垂荡位移为

$$z=\frac{f_{\mathrm{ext}}}{\left[-\omega^2(m+\mu)-\mathrm{i}\omega(\lambda+C_{\mathrm{PTO}})+C_{\mathrm{res}}\right]} \tag{5-24}$$

静水回复力系数 C_{res} 的计算公式为

$$C_{\mathrm{res}}=\rho g A_{\mathrm{wp}} \tag{5-25}$$

其中，A_{wp} 为浮子水线面面积。

对于 FPA 从波浪中吸收的平均功率 P，可以看作是 PTO 提供的阻尼力做负功的平均功率。在一个波浪周期内 FPA 吸收的平均功率为

$$P=\frac{1}{2}C_{\mathrm{PTO}}\left\|u\right\|^2=\frac{1}{2}C_{\mathrm{PTO}}\omega^2\left\|z\right\|^2 \tag{5-26}$$

将式 (5-24) 代入式 (5-26) 可得

$$P=\frac{\frac{1}{2}C_{\mathrm{PTO}}\omega^2\left\|f_{\mathrm{ext}}\right\|^2}{\left[-\omega^2(m+\mu)+C_{\mathrm{res}}\right]^2+\omega^2(\lambda+C_{\mathrm{PTO}})^2} \tag{5-27}$$

当浮子处于垂荡共振状态时：

$$-\omega^2(m+\mu)+C_{\mathrm{res}}=0 \tag{5-28}$$

由式 (5-28) 即可得到浮子垂荡运动的固有圆频率：

$$\omega_{\mathrm{res}}=\sqrt{\frac{\rho g A_{\mathrm{wp}}}{m+\mu(\omega_{\mathrm{res}})}}$$

在共振状态下，式 (5-27) 可简化为

$$P=\frac{\frac{1}{2}C_{\mathrm{PTO}}\left\|f_{\mathrm{ext}}\right\|^2}{(\lambda_{\mathrm{res}}+C_{\mathrm{PTO}})^2}=\frac{\frac{1}{2}\left\|f_{\mathrm{ext}}\right\|^2}{C_{\mathrm{PTO}}+\dfrac{\lambda_{\mathrm{res}}^2}{C_{\mathrm{PTO}}}+2\lambda_{\mathrm{res}}} \tag{5-29}$$

由式 (5-29) 易知，在共振状态下，当 $C_{\mathrm{PTO}}=\lambda_{\mathrm{res}}$ 时，平均功率 P 取得最大值，该最大值为

$$P_{\max}=\frac{\left\|f_{\mathrm{ext}}\right\|^2}{8\lambda_{\mathrm{res}}} \tag{5-30}$$

其中，λ_{res} 即浮子在共振点处的垂荡兴波阻尼。

若浮子宽度为 b，那么浮子宽度内入射规则波的输入功率为

$$P_0 = \frac{1}{8}\rho g H^2 b \cdot \frac{c}{2}\left[1 + \frac{2k_0 h}{\sinh(2k_0 h)}\right] = E_0 c_{\text{g}} \tag{5-31}$$

其中，c_{g} 为入射波群速度。

显然，点吸收式波浪能转换装置的发电效率 η 的计算公式为

$$\eta = \frac{P}{P_0} \tag{5-32}$$

浮子受到的波浪激励力和水动力系数通常可以使用基于势流理论的分析软件计算，在引入适当的黏性修正后，往往可以得到与实际情况符合较好的结果。此外，基于黏性流体力学的 CFD 方法也可以计算点吸收式波浪能转换装置的输出功率以及浮子运动响应问题，相较于势流方法，虽然可以得到较精确的结果，但是在计算机上求解十分耗时，对硬件要求较高。

表 5-1 列出了点吸收式装置的各种数值模拟方法的特点。基于研究的目的不同，每一种方法具有其优点和限制性。解析法只能用于简单的几何形状体，而边界元方法和 CFD 方法则适用于更复杂和更实际的情况。解析法和频域边界元法用顺序排列的方法建立了系统动力模型，并用相同的方法解决了波浪辐射和绕射问题，以此来估计水动力的大小。这两种方法一般只用于微幅波作用下结构物与波浪的耦合研究。而时域边界元法和 CFD 方法充分地将每一时刻运动方程的解应用于流场模拟中。时域边界元法可用于模拟完全非线性的波浪和漂浮体的耦合运动，但对于波浪破碎、越浪和黏性流分离等问题却无能为力。CFD 方法则可以完全捕捉到波浪和装置间的所有非线性相互作用，包括黏性流分离、湍流、波浪破碎和越浪等。Li 和 Yu[166] 对这些方法以及前人所做的工作给出了深入的讨论和系统性的总结，感兴趣的读者可自行参阅。

表 5-1　各种数值模拟方法特点分析图

<table>
<tr><th>模型名称</th><th colspan="5">特点</th></tr>
<tr><td>CFD 方法</td><td>黏性效应</td><td>动态耦合的复杂性</td><td>波浪/漂浮体相互作用</td><td>精确度水动力模型</td><td>系统动力模型</td></tr>
<tr><td>解析法</td><td>经验公式</td><td>波浪辐射和绕射理论</td><td>线性</td><td>受黏性阻尼系数估计值影响</td><td rowspan="2">仅限于相对小振幅波</td></tr>
<tr><td>频域边界元法</td><td>经验公式</td><td>波浪辐射和绕射理论</td><td>无破碎波</td><td>受黏性阻尼系数估计值影响</td></tr>
<tr><td>时域边界元法</td><td>经验公式</td><td>完全耦合时域估计法</td><td>无破碎波</td><td>受黏性阻尼系数估计值影响</td><td rowspan="2">非常好的完全非线性波</td></tr>
<tr><td>NSEM: CFD 漂浮体动力法</td><td>N-S 方程</td><td>完全耦合时域估计法</td><td>完全非线性并考虑破碎波</td><td>非常好</td></tr>
</table>

5.2 阵列研究

与潮流能水轮机等类似，要想实现商业化以及真正的大规模利用海洋波浪能，仅仅针对单个波浪能装置进行研究是远远不够的，一个波浪能场必然存在多个波浪能装置，这些波浪能装置在运作时存在着相互干扰，这就带来了本节对于波浪能装置阵列的研究。

Budal[184] 开始介绍了在随后的工作中大量使用的两个概念。首先是将波浪能设备作为“点吸收器”处理，这些设备足够小，可以忽略散射波，并且只有辐射波保留在分析中。第二个概念是相互作用因子 q，其可以被定义为一组相同的波浪能设备可以吸收的最大功率与相同数量的独立于它们的阵列单个成员可用的最大功率之比。

随后 Falnes[185] 和 Evans[186] 独立地得出了阵列问题的一些基本结果；首先是关于规则波中振荡体阵列的功率吸收的一般理论，其次是由一般理论得出的，即由阵列产生的最大功率吸收的表达式。两项工作继续使用点吸收体假设分析阵列，并且能够找到超过 1 的相互作用因子。

根据 Evans[186] 和 Falnes[185] 的理论，为了获得最大的功率吸收，必须满足最佳的运动条件，并且很快最佳的设备振荡幅度可能会变得非常大以至于与线性理论不一致。因此，Thomas 和 Evans[187] 使用点吸收体近似检验了五个半球的线性阵列，并研究了其中振幅限制为入射波振幅的两倍或三倍的情况。据报道，功率吸收可能明显减少。

Mclver[188] 考虑了波阵方向对阵列功率吸收的影响，他发现相互作用因子可能随入射波方向而显著变化。Fitzgerald 和 Thomas 进一步朝着这个方向前进，利用点吸收体理论分析了 5 个半球的阵列，并研究了阵列几何和入射波方向的变化。这项研究过程证明了在点吸收理论中，入射波方向 0 到 2π 的相互作用因子的平均值等于 1，并且通过数值模拟证实了这一点。这一结果表明在头波中具有较高的相互作用因子值的数组必须与其他不利值相关联。

Child 和 Venugopal[189] 使用半分析方法优化了五个截头圆柱体阵列的布局，其中包括器件的散射。所有设备都被赋予相同的 PTO(阻尼和刚度值)，这意味着运动情况与之前几项研究一样不是最佳的。在此分析过程中，Child 和 Venugopal 考虑了 Fitzgerald 和 Thomas 提出的观点 (修改后的非最佳相互作用因子)，发现它并不完全适用，主要归因于上面所提的非最优性，同时没有采用吸收点理论。Wolgamot 等 [190] 研究了在规则波振荡的浮子阵列的吸收功率。研究选取了 3 个半球形浮子，进行了 4 种排列。结果显示相互作用因子 q 的方向平均值一致，验证了 Fitzgerald 的结论。

随后研究兴趣集中在更复杂的设计参数上。Babarit[191] 对微型阵列相互作用的距离影响进行了研究。以两个圆柱体和两个长方体作为观测对象，考虑了垂荡和纵摇两种情况，结果表明当距离很远时，相互作用依然存在。

Borgarino 等 [192] 介绍了 WEC 阵列的参数研究。其目标是评估物体之间相互作用对阵列的总体年能量产生的影响。沿着正方形和三角形网格安装了 9～25 个 WEC；研究了 WEC 之间分离距离的影响。结果表明，在所考虑的波周期范围内，相长和相消的相互作用相互补偿。在 WEC 具有大的带宽的情况下适当地调整 PTO 的阻尼，可以限制距离的影响。将设备分组成阵列通常具有很好的效果。阵列中的衍射和辐射波导致能量吸收的充分增加，这克服了由于掩蔽效应导致的减少。

Erselcan 和 Kükner[193] 等对 2、4、9 个浮子构成不同阵列进行研究，结果表明波浪与浮体之间的水动力相互作用导致阵列中所有 WEC 所产生的能量减少。同时线性作用主导时可使用频域分析，非线性作用显著时域分析更佳 [193]。

而 Cruz 等 [194] 使用规则和不规则波来分析阵列布局中的相互作用和设施的控制策略。Andrés 等 [195] 针对全球不同波浪气候的电力生产问题，提出了最佳阵列配置。Engstrom 等 [196] 和 Goteman 等 [197] 分析了不同阵列配置的功率可用性的波动，最小化了某些波状况和阵列几何形状的功率变化。

最近，Bozzi 等 [198] 使用真实海况的一些组合评估了意大利海上平台上不同 WEC 阵列几何形状的性能。他们考虑不同的布局 (线性、方形和菱形)，WEC 间隔距离 (5,10,20 和 30 个浮标直径) 和入射波方向 (相隔 30°) 来评估设计参数对阵列功率产生的影响。然后，针对意大利的不同地点进行了特定地点的设计优化，并提供了关于实际波浪气候中波场设计的一些关键见解。结果表明，波浪相互作用对能量吸收的影响预计不会成为主要原因，只要这些装置至少分开 10 个浮标直径的距离并且布局合理，即可获得较高的能量吸收效率。

近来，关于波浪能阵列对原有环境的影响的研究逐渐增多。O'Dea 等 [199] 提出了一种用于评估由 WEC 阵列引起的近岸水动力冲击的替代指标，其基于阵列背风中的沿岸辐射应力梯度的模拟变化。该度量是使用先前观察到的测量的辐射应力与沿岸电流幅度之间的关系来开发的。接下来，使用光谱模型 SWAN 进行参数研究以分析不同 WEC 阵列设计的近岸影响。检查阵列配置，位置和入射波条件的实际范围，并确定在均匀海滩上产生超过选定冲击阈值的沿岸辐射应力梯度的条件。最后，该方法应用于两个 WEC 许可测试站点，以评估结果对于具有更真实的水深测量的站点的适用性。在这些实测场地中，阵列背风中波高、方向和辐射应力梯度变化的总体趋势与参数研究中的相似。然而，在波浪诱导作用下，波场与真实海洋测深之间的相互作用会被迫在沿岸方向产生额外的变化。结果表明，对于某些阵列设计和位置，阵列引起的变化可以超过 15%的自然变化。

López-Ruiz 这项工作采用了一种基于统计方法的新方法，以有效的方式评估不同 WEC 阵列分布在其整个生命周期中的性能，使用降尺度技术和先进的数值模型来传播波浪气候。结果表明，WEC 之间的距离是控制潜在能量产生、设施效率和几个设备之间相互作用的关键参数 [200]。

López-Ruiz 等为 WEC 阵列的不同替代方案的性能的长期模拟和不确定性分析提供了一种新的方法。有了它，我们可以分析任何类型的 WEC 的完整的运行寿命时间序列的能量生产。该方法基于各种前沿方法的应用，包括复杂的波浪气候模拟，降尺度技术，数值波传播以及蒙特卡罗技术在结果不确定性分析中的应用。该方法应用于 9 个 WEC 的阵列，并定义了 9 种不同的几何替代方案。蒙特卡罗技术试验的平均能量结果表明，装置之间距离为其直径的 6 倍的箭形阵列能产生更多能量 [201]。

国内针对阵列式波浪能转换装置的研究较少。吴广怀等研究了间距对多浮体结构的影响，给出了频域状态下水动力参数 (如附加质量、辐射阻尼) 随间距变化的曲线 [202]。朱海荣等 [203] 研究了波浪中两箱型浮体在时域分析的水动力性能。史琪琪等 [204] 基于波浪交互理论和高阶边界元对箱型浮体阵列进行了数值模拟研究。徐亮瑜等 [205] 在线性理论和黏性理论的基础上对两船体进行研究。何光宇等 [206] 提出新型阵列波浪能发电装置，利用 CFD 技术对浮子阵列进行分析，表明在某一特定条件时，阵列具有最大平均振幅。刘秋林 [207] 对四浮子阵列在规则波及不规则波情况下进行数值模拟，发现在一定间距范围内随着浮子间距的增加俘获宽度比略有减小，对称阵列捕获能量的情况会好一些。史宏达等 [208] 通过改变无限阵列的列数，利用 CFD 软件模拟浮子的波浪场分布情况，探究列数对波浪能集中情况的影响。

第 6 章　温差能和盐差能

第四章及第五章已经对海洋中储量较多的潮流能及波浪能分别进行了讨论，潮流能属于不稳定但是有规律的海洋能源，波浪能是不稳定且无规律的海洋能源。与潮流能及波浪能不同，海洋中的温差能及盐差能属于较稳定的可开发海洋能源，但是对于海洋中温差能及盐差能的开发占比较少，因而此处将在一个章节中对此两种海洋能源进行叙述。

6.1　温　差　能

6.1.1　基本概念

1. 概念及发电要求

利用海水中储存的热能进行发电的技术主要是海洋温差能发电技术 (ocean thermal energy conversion)。太阳照射使得海洋表层水的温度升高，但对深海 (500m 以下) 的海水温度影响不大，致使两者温度差异一般为 20~25℃。海洋温差能利用这一温度差异的形成带来了上下水域间的热力循环并发电，对热带和亚热带地区更有吸引力。对于常规的发电机，在这个温度差异下的发电效率很低 (一般为 4% 左右)。但由于海水的温度昼夜变化很小，而且在热带地区海水的季节性温度变化也很小，温差能装置可以全年全时不断供电。温差能在发电的同时还有淡化海水、水产养殖，以及生产氢气等多种功能。考虑到这些用途以及海水中巨大的热能储量，海洋温差能有着很好的发展前景。

并不是所有海洋区域都适合利用海洋温差能发电。为了保证温差能设备的经济性，一般要求表层海水与深海海水的温差全年全时满足 20℃以上，而且海水深度也要达到 1000m 以上 [181]。达到这一要求的区域，其中红色区域温差能储量最为丰富。除此之外，温差能设备的选址还要满足以下几点要求 [182]：

(1) 表层海水温度全年平均为 26℃，并维持在 24~28℃；

(2) 深海海水 (1000m 深处) 全年平均温度在 4.5℃，并在 4~5℃波动；

(3) 温差能设备到深海冷水之间的距离要尽量小，要求较为陡峭的地形坡度 (15°~20°) 和平整的海床；

(4) 正常运行时有义波高最高为 3.7m(周期 7.5s)；

(5) 极限情况下有义波高最高为 6m(周期 9.6s)，风速为 20m/s，海水表面流速低于 1.5m/s；

(6) 设备位于地震、热带风暴和其他自然灾害较少发生的地区。

我国拥有 18000km 的海岸线，约 470km^2 的海洋面积，比较适合温差能开发的区域为东海和南海，初步估计南海海洋温差能储量为 $1.19\times10^{19}\sim1.33\times10^{19}$kJ，实际功率可以达到 $13.21\times10^{8}\sim14.76\times10^{8}$kW[183]。我国岛屿众多，目前我国 500m^2 以上的岛屿有 6536 个，但由于缺水、缺电等，大部分都为无人岛。海岛上资源匮乏，如果采用传统的发电方式，对大陆的依赖非常严重，要维持电力系统，成本高昂。海洋温差能技术既可以供应居民的生活用电，也能够淡化海水，解决淡水供应问题。由此可见，在我国开发海洋温差能有着重要的现实意义。

温差能这一概念由法国科学家 Jacques Arsene d'Arsonval 于 1881 年最先提出，在他的设计方案中选择液态二氧化硫作为工质，即表层海水将液态二氧化硫加热并汽化，用来推动汽轮机的运转，最后用深海海水将汽化的二氧化硫冷却液化 [209]。

2. *基本分类方法*

根据结构形式分类，可以分为漂浮式结构和岸式结构。浮式温差能设备和一般的海洋结构物一样，远离海岸以确保获得足够大的温差。漂浮式结构的优点在于管道垂直向下，有效地减少了管道的长度，减少了建造成本。但是海上装置需要拥有一定的抗风浪能力，增加了工程的难度和造价。岸式温差能设备的优势在于建造和维护简单，但是设备选址条件苛刻 (一般需要附近有超过 800m 水深的热带或亚热带海域)。根据热力学循环模式又可以分为开式循环、闭式循环等，将在 6.1.2 节对这些系统做出具体的介绍。

6.1.2 发电原理

1. *总述*

虽然海洋温差能储量丰富，但是海水的温差一般只相差 20℃左右，使得温差能发电效率非常低 (3%~5%)，要想直接利用发电并不容易。目前，海洋温差能发电装置的热点转换主要依靠各自的循环系统完成，包括开式循环、闭式循环和混合式循环。其中闭式循环又分为兰金 (Rankine) 循环，卡林那 (Kalina) 循环和上原 (Uehara) 循环。下面将对这些循环的发电原理进行逐一介绍。

1) 开式循环

开式循环 (open cycle) 最先用在 Georges Claude 的温差能设备中，开式循环与闭式循环最大的区别在于直接用海水的蒸发产生蒸汽，进入汽轮机并推动汽轮机做功。见图 6-1，循环过程可以归结为以下几点：

(1) 表层海水用泵直接抽至蒸发室；

(2) 在蒸发室中，表层海水靠蒸发形成蒸汽，推动汽轮机转动做功，用来发电；

(3) 做功后蒸汽进入冷凝器，经深海海水冷却后排出。

以上三步已经实现了将海洋温差能转化为电能，还可以经过预冷器将蒸汽冷却得到淡水，并经过压缩机将蒸汽中的空气 (O_2, N_2 等) 排出。

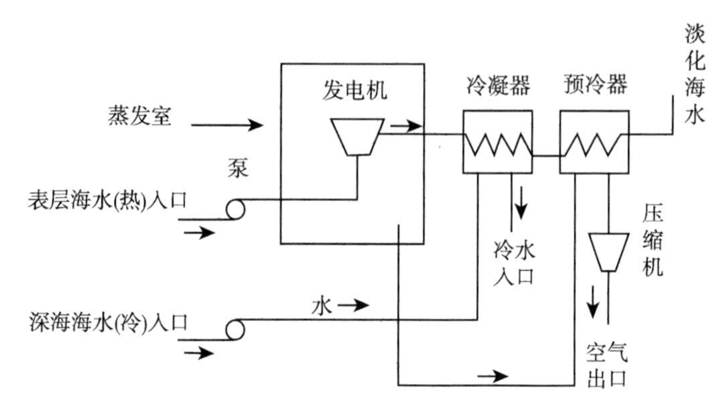

图 6-1　开式循环温差能系统原理图 [213]

关于开式循环方式，由于蒸发室内的压力较低，表层海水进入蒸发室时的温度 T_1(图 6-2 点 1 处) 略高于该压力下的沸点，

$$H_1 = H_f \tag{6-1}$$

其中，H_f 是液态水在入口温度下的焓值。在蒸发室内，海水与蒸汽维持两相平衡，假设此时的温度维持在 T_2(图 6-2 点 2 处)。

$$H_2 = H_1 = H_f + \varphi_{\text{gas}} H_{\text{fg}} \tag{6-2}$$

式中，φ_{gas} 为水蒸气的质量分数，H_{fg} 为水蒸气的焓值。经过分离进入汽轮机 (图 6-2 中点 3 处，此时焓值为 H_3)，如果汽轮机为理想模型，图 6-2 中从点 3 到点 5 的过程为可逆绝热过程 (等熵过程，$S_{5s} = S_3$)，则对外界做功为 $H_3 - H_{5s}$。而实际汽轮机工作时 (图 6-2 中点 5 处情况) 需要考虑效率问题，则实际做功为

$$W = (H_3 - H_{5s}) \times \eta \tag{6-3}$$

其中，η 为效率。最终水蒸气被深海海水冷却液化 (图 6-2 中点 7 处)。

开式循环温差能设备最大的优势在于其可以生产淡水，可以为非洲、西亚、岛屿等缺水地区解决饮用水问题。其次开式循环直接采用海水作为工质，并未采用有毒或者可能对环境造成破坏的物质，不用担心泄漏对环境的破坏。而且，从深海抽上来的海水富含营养，可以用于水产养殖。然而开式循环也存在着很多问题，蒸发室中长期处于负压，使得汽轮机工作效率较低。而且对于常温下海水的蒸发量是

非常小的，一般只有不到 0.5%的蒸发量，要求用泵抽至蒸发室的水量需要足够大，在设计时会增大设备的尺寸。

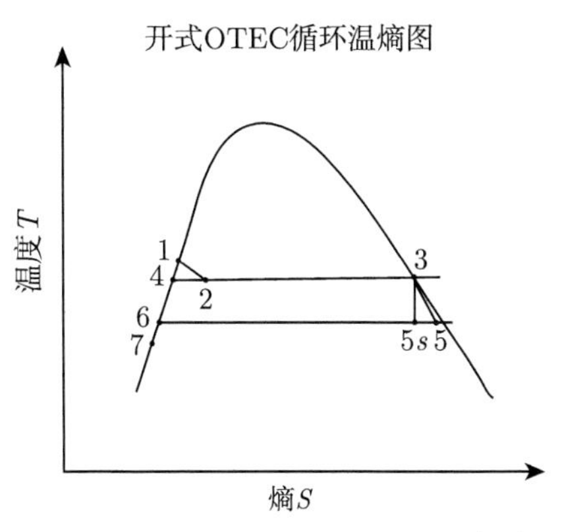

图 6-2 开式温差能循环温熵图 [213]

2) 闭式循环

闭式循环系统 (closed cycle) 最先由 Jacques Arsene d'Arsonval 应用在温差能中，并用液态二氧化硫作为工质 [212]。闭式循环的主要特点是在系统中利用像氨水、丙烷、氟利昂这类低沸点的工质。闭式循环主要包括兰金循环，卡林那循环和上原循环，下面将对这三种循环做出介绍。

1859 年，William John Macquorn Rankine 发明了兰金循环，并对汽轮机的工作原理做出了介绍。兰金循环的发电原理见图 6-3，循环过程可以归结为以下几点：

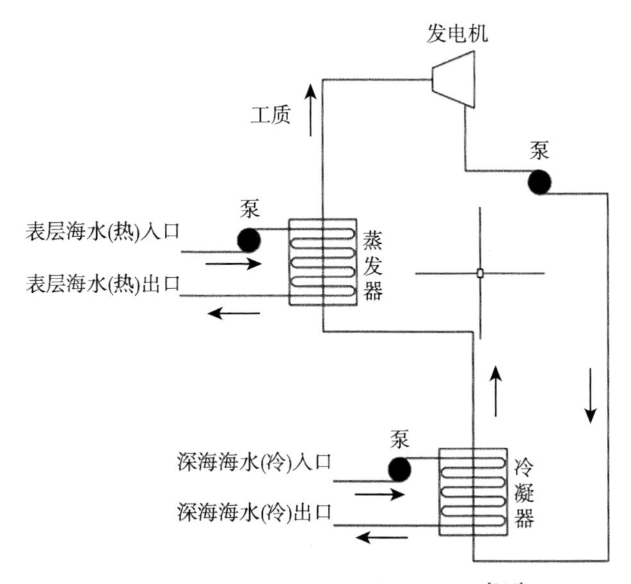

图 6-3 兰金循环温差能系统原理图 [216]

(1) 表层海水用泵抽至蒸发室中；

(2) 在蒸发室中，表层海水将工质加热，由于沸点较低，工质将汽化形成蒸汽；

(3) 工质蒸汽推动汽轮机做功，用来发电；

(4) 将做完后的工质蒸汽抽至冷凝器中，经过深海海水的冷却液化，用泵重新抽回蒸发室中，进行下一次循环。

1983 年 Alexander Kalina 提出了卡林那循环，这一方法主要选择了 70%的氨和 30%的水作为工质，这一变化可以提升系统对热能的利用效率。卡林那循环的具体实现过程见图 6-4，循环过程可以归纳为：

(1) 表层海水将抽至蒸发室中对氨水混合物进行加热，其中工质部分变成气态；

(2) 经过分离机的处理，分离出来的氨气推动汽轮机做功，而分离出来的液态氨水将会对做完功的氨气混合，一起进入冷凝机被深海海水冷却；

(3) 冷却后的工质将会重新送至蒸发室，进行下一步循环。

卡林那循环相比较常规的循环方法，能够更有效地利用低温热源，发电效率会更高 (相同情况下约是兰金循环的两倍)[214]。但是与兰金循环相比，系统需要加入分离机和混合吸收器，使得系统更加复杂和昂贵。

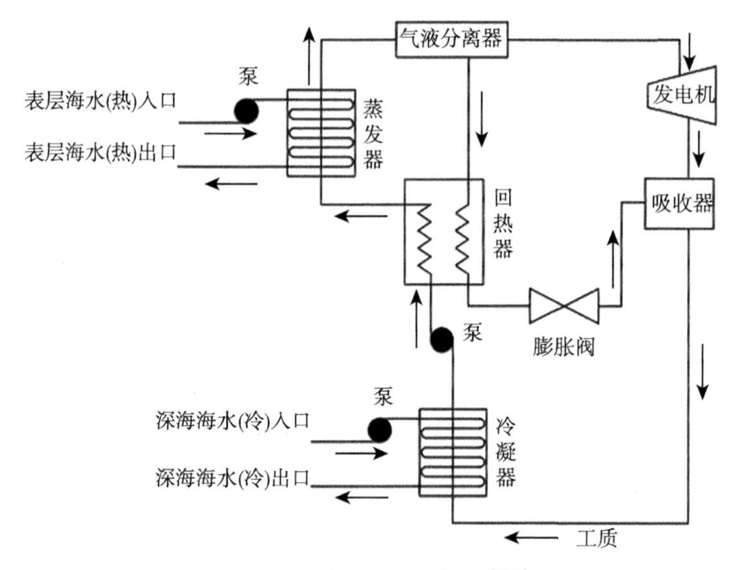

图 6-4　卡林那循环示意图 [223]

日本佐贺大学的上原 (Haruo Uehara) 教授在卡林那循环的基础上，进一步改进了这一方法，提出了上原循环。在上原循环里，同样采用氨水混合物作为工质，但多增加了一个汽轮机、加热器、蓄热器。上原循环的示意图见图 6-5，循环过程可以归纳为：

(1) 表层海水将蒸发室的氨水混合物加热，形成的气液混合物经过气液分离器分离；

(2) 分离出的气体部分进入第一个汽轮机做功；

(3) 液体则流入回热器将给冷凝后的工质在回热器中加热，相应地，这部分液体将会被略微冷却，用泵抽至吸收器中；

(4) 在经过第一个汽轮机后，经过分离残留的气体将进入第二个汽轮机进一步做功；

(5) 随后与第 (3) 步冷却后的液体混合进入冷凝器，被深海海水冷却；

(6) 第 (5) 步中冷却后的液体先后抽至加热器和回热器进行加热，最后重新回到蒸发器进行下一步循环。

由于上原循环过程复杂，想要进一步了解循环过程可以参考文献 [215]。上原循环的效率比卡林那循环有进一步的提升，但是系统复杂，建造费用更加昂贵。

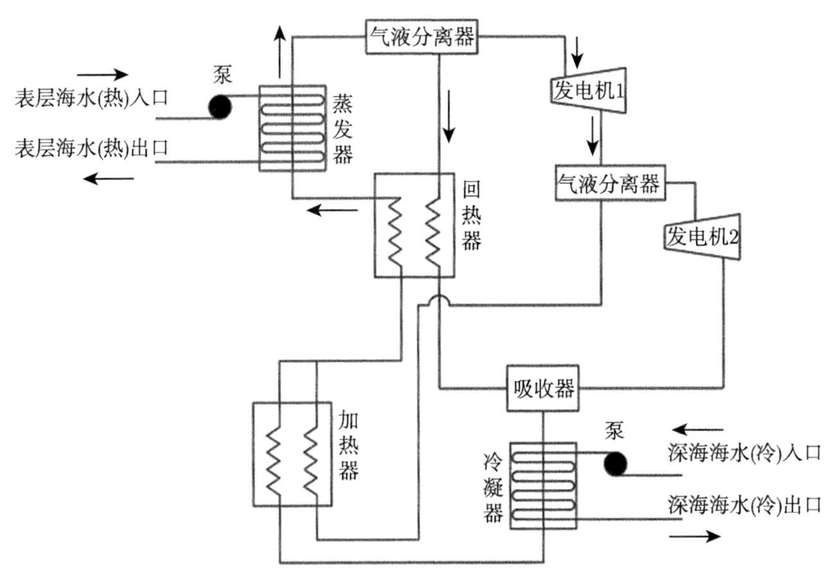

图 6-5 上原 (Uehara) 循环示意图 [218]

闭式循环的热力学关系都可以在图 6-6 中反映出来，因为卡林那循环和上原循环的基本原理都和兰金循环类似，这里着重介绍兰金循环的循环过程。当表层海水进入蒸发室中 (点 5 到点 6 的过程)，较热的表层海水将会对工质进行加热，如图 6-6 所示，会传递 Q_e 大小的热量给系统。

$$Q_e = H_5 - H_6 \tag{6-4}$$

式中，H_5 和 H_6 分别是图 6-6 中表层海水状态 5 和 6 对应的焓值。工质加热后进

入汽轮机做功 (图 6-6 中点 1 到点 2 的过程)，和开式循环一样，对于理想情况，该过程为可逆绝热过程，系统做功为

$$W_g = H_1 - H_2 \tag{6-5}$$

式中，W_g 为系统所做的功，H_1 和 H_2 分别为工质在进入汽轮机时和从做完功从汽轮机出来时的焓值。做完功的工质进入压缩机，深海海水会从工质吸走一部分的热量，以降低工质温度。

$$Q_c = H_8 - H_7 \tag{6-6}$$

其中，Q_c 为深海海水吸收的热量或工质失去的能量。冷却后的工质 (图 6-6 中点 3)，需要用泵将工质抽回蒸发室。

$$W_{\mathrm{wf}} = H_4 - H_3 \tag{6-7}$$

其中，W_{wf} 为泵所做的功。

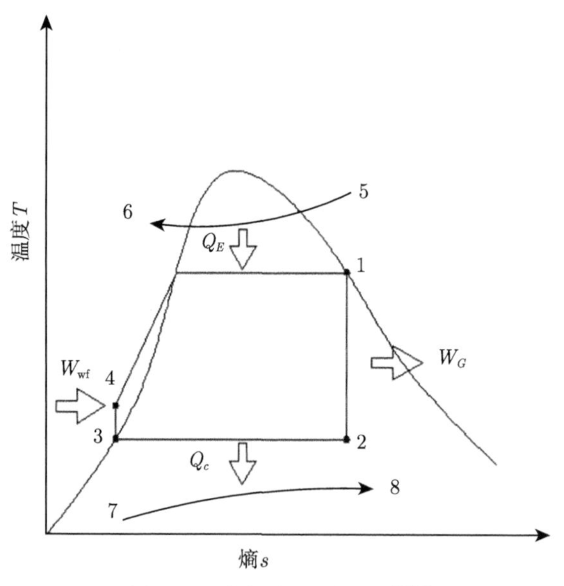

图 6-6　兰金循环温熵图 [216]

3) 混合式循环

混合式循环 (hybrid cycle) 由开式循环和闭式循环结合而成。在混合式循环中，表层海水会像开式循环一样蒸发成气体，同时工质也会像闭式循环一样加热。这也就保证了混合式循环综合了开式循环和闭式循环的优点，并且可以生产淡水，但是由于系统复杂，建造和维护的费用较大。循环示意图见图 6-7，循环步骤可以归纳为 [217]：

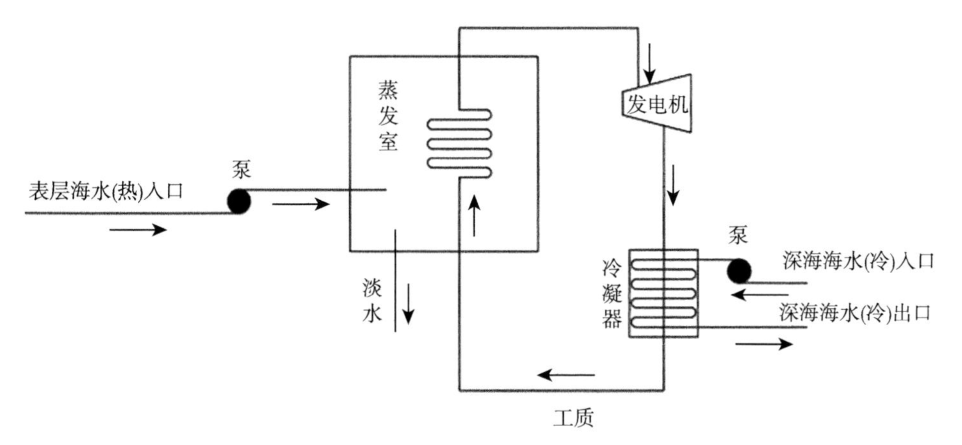

图 6-7 混合式循环示意图 [220]

(1) 表层海水用泵抽至蒸发室，汽化形成蒸汽，并将蒸汽排出，产生淡水，这一步与开式循环类似；

(2) 在蒸发室中，工质被海水加热，汽化成气体，推动汽轮机转动发电；

(3) 做完功的工质进入冷凝器，被深海海水冷却后，重新送回蒸发室，进入下一次循环。

2. 功率和效率的计算

在前面三小节内容中已经对温差能的发电原理进行了简单的介绍，本小节将主要介绍温差能发电功率和效率的计算方法 (方法参考文献 [219])。一般的有效功率可以表示成汽轮机发电功率与泵消耗的功率之差:

$$P_{\mathrm{net}} = P_t - P_{\mathrm{pump}} \tag{6-8}$$

其中，$P_{\mathrm{net}}, P_t, P_{\mathrm{pump}}$ 分别表示有效功率，汽轮机的发电功率，泵消耗的功率。在式 (6-8) 中并没有考虑机器之间的摩擦等因素，为了进一步分析各个部分的功率大小，Rong-Hua Yeh 将 P_{pump} 又分成了三项:

$$P_{\mathrm{pump}} = P_{\mathrm{ws}} + P_{\mathrm{cs}} + P_{\mathrm{wf}} \tag{6-9}$$

其中，$P_{\mathrm{ws}}, P_{\mathrm{cs}}, P_{\mathrm{wf}}$ 分别代表了泵抽取表层海水、深海海水、工质所消耗的功率。基于热力学理论，功率的计算如下:

$$P_t = m_{\mathrm{wf}} \left(h_{\mathrm{eo}} - h_{\mathrm{to}}\right) \eta_t \eta_g \tag{6-10}$$

$$P_{\mathrm{ws}} + P_{\mathrm{cs}} = \left(\Delta p_s + \Delta p_h\right) m_s g / \eta_{\mathrm{sp}} \tag{6-11}$$

$$w_f = m_{\mathrm{wf}} v_a \left[\left(p_{\mathrm{ei}} - p_{\mathrm{eo}}\right) + \left(\alpha_{\mathrm{NH}} + \beta_{\mathrm{NH}}\right)\left(p_{\mathrm{ei}} - p_s\right)\right] / \eta_{\mathrm{cp}} \tag{6-12}$$

其中，m_{wf} 表示循环工质的质量，h_{eo} 表示饱和蒸汽在蒸发时的焓值，h_{to} 表示在汽轮机出口处的焓值。$\eta_t, \eta_g, \eta_{\mathrm{sp}}, \eta_{\mathrm{cp}}$ 分别代表了汽轮机、发动机、海水泵和循环泵的效率。$p_{\mathrm{ei}}, p_{\mathrm{eo}}$ 分别是工质在蒸发室和冷凝室处的压力。p_s 是工质在储藏室处的压力。α_{NH} 表示液态氨水在蒸发室中的比例，β_{NH} 是液态氨水在混合物中的比例。Δp_s 和 Δp_h 表示对应压力在考虑摩擦等因素时的压力变化，计算公式可以参考式 (6-13) 和式 (6-14)。

$$\Delta p_s = \sum_{i=1}^{n} f_i V_{\mathrm{in}}^2 L_i / \left(2 g D_i\right), \quad i = 1, 2, 3, \cdots, n \tag{6-13}$$

$$\Delta p_h = \rho V^2 \frac{f_h D_h L_h}{2 A_h g} \tag{6-14}$$

其中，f_i 表示管道处或者连接处的摩擦系数，V_{in} 表示抽入海水的流速，L_i 为管长，D_i 为管径。f_h，D_h，A_h，L_h 分别表示用于蒸发室和冷凝室处管的摩擦系数、直径、截面面积和长度。

6.1.3　温差能设施的环境载荷

温差能设备一般分为漂浮式和岸式两种，但是目前更多的是研究和建造漂浮式温差能设备。在变化莫测的海洋环境中，漂浮式温差能设备会受到多种环境载荷，直接影响设备在海洋中的运动情况。漂浮式温差能设备的环境载荷可以分为两部分：①海洋平台受到的波浪力与黏性力，以及平台的运动情况；②冷水管 (cold water pipe) 受到海洋载荷情况下的振动情况。图 6-8 为浮式温差能系统受到的海洋环境载荷。

1. 海洋结构物

海洋结构物 (包括漂浮式温差能设备) 遭受到风、浪、流等多种载荷的影响，将会引起平台的运动。当飓风或者台风等特殊情况发生时，海洋平台甚至可能倾覆。对于一般情况，垂直运动也被限定在 10% 的水深范围内，以确保冷水管可以得到温度足够低的海水。海洋结构物六个自由度的运动可以表示成式 (6-15)

$$\sum_{k=1}^{6} \left[\left(M_{jk} + M_{ajk} \right) \ddot{r}_k + C_{jk} \dot{r}_k + K_{jk} r_k \right] = F_j \mathrm{e}^{-\mathrm{i}\omega t} \quad (j = 1, \cdots, 6) \tag{6-15}$$

其中，M_{jk} 表示广义质量矩阵中的元素；F_j 是外部激励力；M_{ajk},C_{jk},K_{jk} 分别代表了附加质量、阻尼和回复力。海洋结构物的水动力计算可以分为辐射问题和绕射问题。辐射问题是结构在海洋中的运动产生的波，这些波会对结构物产生附加质量和阻尼。辐射问题的计算可以运用式 (6-16)

$$F_k = -M_{ajk} \frac{\mathrm{d}^2 r_j}{\mathrm{d}t^2} - C_{jk} \frac{\mathrm{d}r_j}{\mathrm{d}t} \tag{6-16}$$

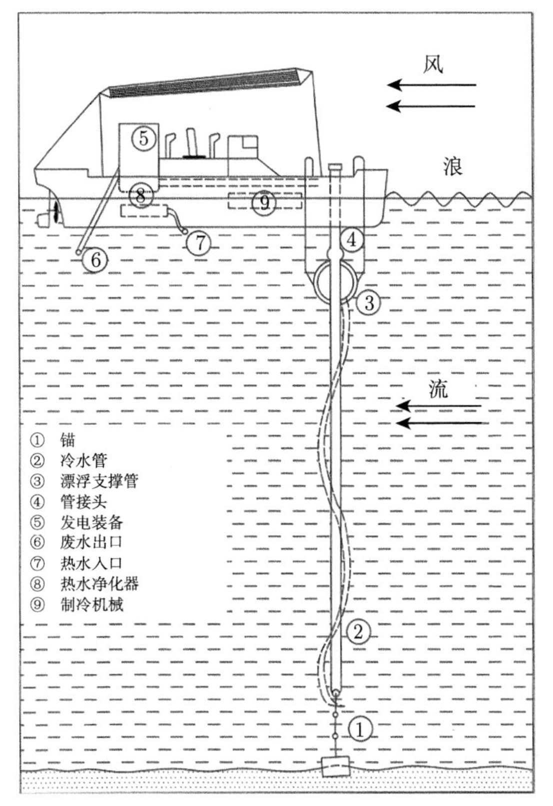

图 6-8 浮式温差能系统受到的海洋环境载荷 [231,232]

绕射问题又可以分为 Froude-Kriloff 力和绕射力。Froude-Kriloff 力是由入射波产生的水动力，绕射力是浮体对流场扰动所产生的力，分别用式 (6-17) 计算

$$F_{\mathrm{FK}}=\int_{S_w}\frac{\partial\varphi_I}{\partial t}\boldsymbol{n}\mathrm{d}s,\quad F_{\mathrm{DK}}=\int_{S_w}\frac{\partial\varphi_D}{\partial t}\boldsymbol{n}\mathrm{d}s \tag{6-17}$$

其中，S_w 表示浸入水中的表面面积；$\boldsymbol{n}$ 是表面的法向向量；φ_I，φ_D 分别是波浪入射势和扰动势。波浪的回复力可以写成式 (6-18)

$$F_k=-C_{jk}r_j \tag{6-18}$$

式 (6-18) 中的阻尼是兴波阻尼，如果考虑黏性力可以参考 Morison 公式，见式 (6-19)。

$$F_d=-\frac{1}{2}\rho C_d A_c U_{\mathrm{rel}}\left|U_{\mathrm{rel}}\right| \tag{6-19}$$

其中，C_d 是黏性阻尼系数；A_c 是基准面；U_{rel} 是相对运动速度。由于浮式温差能设备与海洋石油开采平台有很多共同之处，所以平台受到的水动力可以参考海洋石油平台的计算方法。

2. 冷水管的振动分析

温差能技术发电的关键是获得温差足够大的海水，这就要求冷水管的长度为 400~1000m。同时温差能设备发电需要大量的深海海水进行冷却，因此冷水管的直径一般都设计得很大，有时可以达到 40m。作用在大尺度冷水管上的力将会产生复杂的动力响应问题，直接影响到设备的使用寿命。温差能技术中的冷水管的研究主要集中在强度疲劳分析、管道振动分析、与平台的耦合运动分析。定性的分析可以把冷水管看作上端刚性固定，下端集中质量的梁模型。基于这一假设，运动方程可以写成式 (6-20)

$$\frac{\partial^2 \rho}{\partial x^2}\left[EI\left(x\right)\frac{\partial^2 Y}{\partial x^2}\right]+m_p\frac{\partial^2 Y}{\partial x^2}=f\left(x,t\right) \tag{6-20}$$

其中，m_p 是单位长度的管质量；Y 是管的横向位移；t 代表时间；$f(x,t)$ 是管道受到的外力；E 是弹性模量；I 是管的截面惯性矩。边界条件可以写成

$$\begin{aligned}&Y\left(0\right)=0,\quad \left.\frac{\partial Y}{\partial x}\right|_{x=0}=0\\&\left.\frac{\partial^2 Y}{\partial x^2}\right|_{x=L}=0,\quad \left.\frac{\partial^3 Y}{\partial x^3}\right|_{x=L}=F_{\text{shear}}/EI\end{aligned} \tag{6-21}$$

其中，F_{shear} 是底部受到的剪切力。考虑到温差能技术需要大量的深海冷水进行冷却，管内流体产生的力并不能忽略，其中包括压力 p，管内流体重力 $m_{\text{in}}g$、管壁与内部流体的相互作用力 qS 和 F_{shear}，具体可以表示成

$$\begin{aligned}&f_x=-A\frac{\partial p}{\partial x}-qS+m_{\text{in}}g+F_{\text{shear}}\frac{\partial Y}{\partial x}\\&f_z=-F_{\text{shear}}-A\frac{\partial}{\partial x}\left(p\frac{\partial Y}{\partial x}\right)-qS\frac{\partial Y}{\partial x}\end{aligned} \tag{6-22}$$

其中，f_x 和 f_z 分别是轴向和横向的水动力。管外受到的黏性力可以通过 Morison 公式进行计算。

3. 温差能对汽轮机的特殊要求

汽轮机广泛用于将热能转化为机械能的装置中。对于温差能系统而言，由于其效率低下严重制约了温差能的发展及商业化使用，所以汽轮机的优化对系统效率的提升会起到一定的作用。图 6-9 为温差能系统汽轮机示意图。

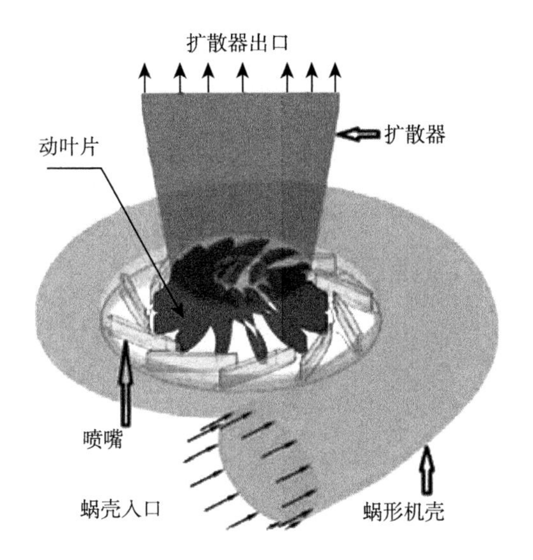

图 6-9 温差能系统汽轮机示意图 [234]

温差能系统的汽轮机的力学模型与一般的汽轮机并没有太大的区别，但温差能系统内的工质一般要在低温低压下工作，这也是效率低的原因之一。汽轮机的效率与叶形、流速 (Mach 数)、黏性 (Reynolds 数)、次级流动以及形状的突然增大有关。常规的方法一般是运用多级汽轮机代替单级汽轮机来提升效率汽轮机存在轴向流动式和径向流动式两种，针对不同形式的汽轮机，也需要对叶形进行优化。

6.1.4 技术瓶颈

虽然目前已经验证了温差能的发电能力，许多国家和地区也取得了不少进展，但还是有很多因素制约了温差能技术的实际应用。Metz[221] 曾将温差能技术的应用比作一场豪赌，需要投入大量的资金进行研究，该技术很难达到预期，甚至会造成其他的危害。本小节将介绍温差能应用过程中的技术瓶颈。

1. *发电技术及效率提升的方法*

海洋温差能在发电时发电效率低，而且设备建设成本高昂，如何有效地提高发电效率是温差能发电商业化的主要障碍。在前面介绍的卡林那循环和上原循环通过对系统进行改进来提升发电效率，是温差能的主要研究方向。不少学者研究工质、海水的流量、管径等参数对温差能发电功率以及效率的影响，这些研究主要是集中研究如何有效地利用温差能并在这些方面得到了不少成果。除此之外，因为海水的温差大小直接影响温差能发电的效率，部分学者据此考虑有什么方法可以增大温度差异。像 Straatman[222] 提出了将太阳能与温差能相结合的方式 (OTEC-OSP)。该方法主要是通过太阳照射对表层海水进行加热，增大温度差异。韩国由于地理的原因并不适合发展温差能，但是韩国人利用陆地上的工业余热对表层海水加热，并提出了高温温差能设备 (high temperature OTEC device) 的概念 [223]。Arcuri 等 [224] 也提到了将液化天然气 (LNG) 对深海海水进行冷却的方法来扩大温差。虽然有这么多的方法提升温差能发电的效率，但是大多都会使系统变得复杂，进而增大设备的建造成本，如何平衡两者的关系也是值得考虑的问题。

2. 热交换器表面腐蚀问题

在温差能系统中海水会流经热交换器，这就要求热交换器必须拥有良好的热传导性才能保证一定的发电效率。但海水中含有大量的微生物和浮游生物等海洋生物，会附着在热交换器表面，造成热交换器表面的腐蚀。1977 年，迈阿密大学的 Aftring 和 Taylor[225] 就通过试验得到在接触海水 10 周后，温差能系统的热交换器的热传导性能显著下降。而且通过简单地对表面清理并不能有效地解决这一问题，这也是制约温差能设备长时间发电的技术瓶颈。

3. 温差能设备对周围生态环境的危害

温差能技术在发电的同时，也会给周围的生态环境造成危害，所以在设计之初须将这项要求考虑在内 [226]。由于深海海水中含有丰富的营养物质，如果用完后直接排放到海水中会造成海水富营养化，会影响海洋生态系统。对这一问题，有人提出利用深海海水进行水产养殖。但这一方案有一定的局限性，需要要求温差能设备建设在靠近海岸处，漂浮式温差能设备很难直接利用深海海水养殖水产。除此之外，类似于海龟等动物的卵孵化需要环境达到一定的温度要求，然而深海海水的温度较低，因此温差能技术对这些动物会产生潜在的威胁 [227]。深海海水中溶解着大量的二氧化碳等物质，当深海海水抽至水面，由于压力的降低，二氧化碳等物质会释放出来，这也就说明温差能技术也是隐含着二氧化碳排放的。某些闭式循环所选取的工质是有毒性的，当泄漏等情况发生时会对环境造成严重的破坏。温差能技术的环境评估也需要考虑温差能设备对周围生态环境的危害，如何规避这些问题也是目前的任务之一。

4. 温差能发电技术的综合利用途径及经济可行性

制约温差能技术发展的最大因素就是该方法的经济可行性，海洋温差能的特点是资源分布广泛但能量密度小，需要形成规模才有经济性。关于温差能发电的经济性评估以及系统的优化设计，一直是亟须解决的问题。早在 20 世纪 70 年代，就已经开始讨论设备的建造成本，并给出了相应的优化方案 [228]。但至今对系统的优化和经济可行性分析仍然是温差能技术的研究重点。虽然温差能技术的发电可行性已经被目前几个已经建造的设备验证，但是设备的基础设施的建造费用以及运行后的维护费用昂贵，与常规能源相比在价格上不具有竞争力。因此有学者通过对温差能系统中某些参数 (工质种类、海水流入速度等) 进行选择优化，得到最大的发电功率和发电效率。除此之外，温差能技术还能产生其他的价值 (生产淡水、氢气等)，如何综合平衡地利用发电与这些功能也是温差能技术发展的方向之一。当海洋温差能装置的工程造价和发电成本降低到一定程度时，海洋温差能才会更具潜力。

6.1.5 工程应用前景

目前全世界共有 98 个国家和地区开发海洋温差能。经过几十年来的发展，温差能技术已经取得了实质性的进展，部分技术已经实现了商业化。考虑到温差能发电并不受环境变化的影响，能够实现全年全时发电。同时，温差能技术拥有多种用途，在发电的同时还可以用来淡化海水、室内温度调节 (空调)、水产养殖等。对于地处热带的岛屿，这一技术可以对沿岸居民提供生活用电和淡水等，并能进行水产养殖以增加当地居民的收入，与其他新能源相比有更广阔的应用前景。

6.2 盐 差 能

盐差能 (salinity gradient power，osmotic power 或 blue energy) 是两种不同浓度的水流之间存在的化学电势差能。这类能源主要存在于河海交汇处，或是淡水丰富的盐水湖，全球总的能源储量大约为 2.6TW[229]。如果可以用盐差能进行发电，可以满足目前 20%的用电需求。像温差能一样，盐差能在发电时也能淡化海水。在发电技术上，主要有渗透压能法、蒸汽压能法和反电渗析法三种。尽管盐差能储量丰富，有很好的应用前景，但从盐差能提出至今的半个多世纪，该技术仍未投入商业化使用，技术实现上也没有成熟。制约盐差能应用的主要因素是设备价格高昂，尤其是淡水与海水之间的薄膜的价格最为昂贵。但是盐差能淡化海水以及水资源的循环利用的功能，使得盐差能技术与化石资源相比更有吸引力。

6.2.1 发电原理

1. 渗透压能法

渗透压能法是用淡水与海水之间的渗透压来推动水轮机转动进行发电的，原理图如图 6-10 所示 [230]。在渗透压能法中半透膜左右两侧的渗透压力差，要比该处的水压大。在渗透压的作用下，淡水将会朝海水一侧流动，使得海水一侧水位上升。增加部分的水量将会进入水轮机，并推动水轮机转动进行发电。

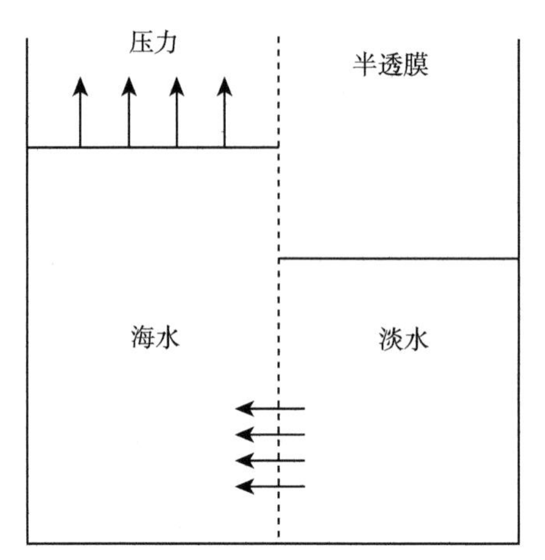

图 6-10　渗透压能法发电原理图 [230]

2. 蒸汽压能法

蒸汽压能法是利用高盐度与低盐度的水之间的不同的蒸发速率所产生的蒸汽压差来推动汽轮机转动的发电方式。该方法首先由 Olsson 等提出，原理图见图 6-11[233]。在同样的温度下淡水的蒸发速度要快于海水的蒸发速度，导致两侧的蒸汽压力不相等。淡水上方的水蒸气将会朝海水上方移动，推动汽轮机转动来进行发电。

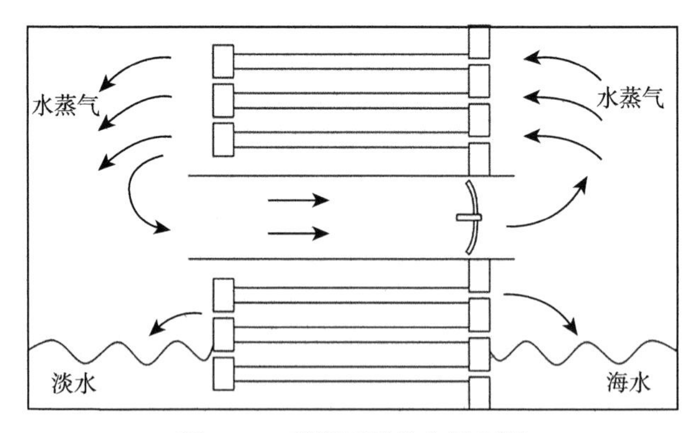

图 6-11　蒸汽压能发电原理图

3. 反电渗析法

反电渗析法是利用阴阳离子交换膜将盐水与淡水分开，通过产生的电流进行发电的 [235]，原理图见图 6-12。其原理可以理解成为浓度电池，用薄膜将不同浓度的水隔开形成电势差。薄膜又分为阳离子交换膜和阴离子交换膜，使得带正电的钠离子和带负电的氯离子产生定向运动，来产生电流。

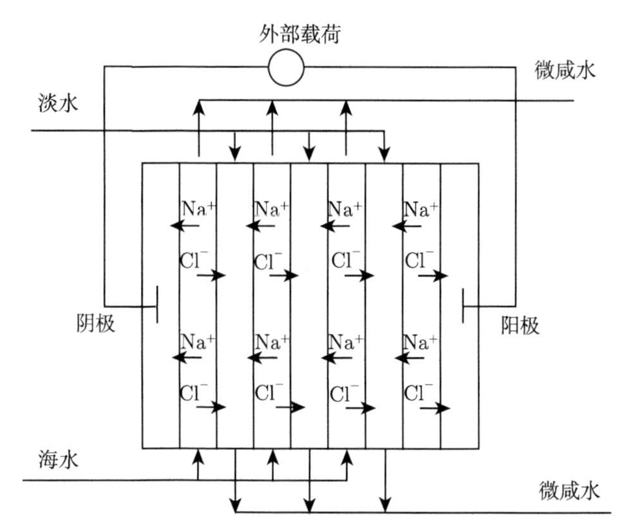

图 6-12 反电渗析法发电原理图

6.2.2 工程应用与研究进展

迄今为止，盐差能还处于技术研究阶段，距离商业化发电还有很大的距离。在盐差能的研究方面，挪威、美国、以色列等国处于领先地位。20 世纪 50 年代，美国加利福尼亚大学的 Sidney Leopold 等发明了海水淡化技术，并在这一理论上做出了最初的盐差能发电装置。1997 年，挪威 Statkraft 公司设立了压力延迟渗透法盐差能发电技术部门。2002 年，荷兰政府与 KEMA 公司共同启动了电渗膜的 “Blue Energy” 计划。2008 年，在挪威建成了世界上第一座盐差能发电装置。与国际上的研究相比，我国的盐差能研究还很少。1985 年，西安冶金建筑学院研制了我国第一台盐差能发电装置 “干涸盐湖浓差能实验发电装置”。

第7章 总结与展望

在海洋中，海洋能能量转换装置由于受到风、浪、流等环境外力的作用，有时甚至会遭遇台风、海啸、冰川等，其力学环境相较于陆地上的获能装置更为复杂。又由于海水具有极强的腐蚀性，所以海洋能装置对于结构件材料的要求就比较高。因而，虽然众所周知海洋中蕴藏着大量的能源，可是其相较于陆上能源开发利用来说，依然是新兴的、不够成熟的、有待研究的技术领域。在海洋能诸多能源中，除了潮汐能及风能外，其余都仍然处于试验研究甚至理论研究阶段，目前乃至近几年内均难以实现商业化。

就潮流能而言，其能源来自于水平方向的水流，原理类似于较为成熟的陆上风能，其获能装置核心一般为水轮机，然而水轮机在海水中除了易受海水腐蚀外，还面临着海洋生物、泥沙、杂物、空泡等的威胁。

就波浪能而言，其能源来自于竖直方向的波动，一般用于防波堤上，将波浪能转化为浮子的机械能，既达到了消波的基本目的，又获得了可观的电能，但是由于其常年放置于波浪中，遭受海水猛烈的撞击，其对于结构强度以及疲劳强度都有极高的要求。

就温差能而言，其能源来自于蕴藏在海洋中的太阳辐射能，海洋中温差能的储藏量很高且稳定，但技术成熟度不高，就目前技术水平，温差能的可开发量极低。

就盐差能而言，其能源来自于海水和淡水或两种盐浓度不同的海水之间以化学形态储存的电势差，主要分布于河流如海口处，能源储备比较可观，但是盐差能发电的三种方法成本都很高昂，且其相关技术仍处于初级研发阶段。

海洋可再生能源装备的发展已经从概念阶段到了设计阶段，所需要的理论也从基础科学理论走向技术科学理论，所遇到的力学问题也更实际而且更复杂。如何发展相应的方法便成为力学工作者在下一步需要努力突破的瓶颈，比如风、浪、流耦合作用下的波浪能装备动力学，涉及了不同尺度下的流体与结构物响应的物理现象，并且非线性特性十分明显。而带有海洋湍流边界层的真实潮流对水轮机叶轮的作用也是传统理论无法分析的物理现象，新的分析方法亟待开发。

只要相关的学者共同努力，这些新的方法将会把海洋可再生能源装备从设计阶段推动到生产阶段，完成从实验室到半商业化的历程。地球上化石能源储量有限，无节制开采化石能源必将带来无法估量的后果，海洋可再生能源商业化是必然趋势，符合社会发展的客观需求。学者在研究过程中要兼顾效率及成本，为海洋可再生能源能够造福人类作出应有的贡献。

我们有理由相信，只要深入开展海洋可再生能源的力学研究，配合电力、海洋学、环境科学等学科，突破技术瓶颈和成本制约，海洋可再生能源装备一定能实现可持续发展的道路，迎来更好的未来。

参考文献

[1] 国家可再生能源中心. 国际可再生能源发展报告 2013[M]. 北京：中国经济出版社，2014.

[2] 罗续业，夏登文. 海洋可再生能源开发利用战略研究报告 [M]. 北京：海洋出版社，2014.

[3] 姚兴佳，刘国喜，朱家玲，等. 可再生能源及其发电技术 [M]. 北京：科学出版社，2010.

[4] 保罗·克留格尔. 可再生能源开发技术 [M]. 朱红译. 北京：科学出版社，2007.

[5] 刘荣厚. 可再生能源工程 [M]. 北京：科学出版社，2015.

[6] 王传崑，卢苇. 海洋能资源分析方法及存储评估 [M]. 北京：海洋出版社，2009.

[7] Department of Energy and Climate Change[EB]. UK Renewable Energy Roadmap Update 2013.

[8] Thresher R. The United States Marine Hydrokinetic Renewable Energy Technology Roadmap[R]. USA: National Renewable Energy Laboratory, 2010.

[9] Ocean Renewable Energy Group. Charting the course Canada's marine renewable energy technology roadmap [EB/OL]. http://www.oreg.ca/web_documents/mre_roadmap_e. pdf, 2011-11-06.

[10] Department of Communications, Marine and Natural Resources. Ocean energy in Ireland[EB/OL]. [2005-10-15]. http://www.marine.ie/home/services/operational/ocean-energy/ Oceanenergystrategy.htm.

[11] Wallace R, Jeffrey H, Mueller M. Research within the EPSRC Supergen Marine Energy Consortium and the UKERC R&D roadmap for Wave and Tidal Current Energy, 2009.

[12] International Energy Agency. Annual Report 2010, Implementing Agreement on Ocean Energy System [R]. Portugal: The Executive Committee of Ocean Energy Systems, 2011.

[13] International Energy Agency. Annual Report 2011, Implementing Agreement on Ocean Energy System [R]. Portugal: The Executive Committee of Ocean Energy Systems, 2012.

[14] 郭成涛. 建议研究开发我国东南沿海丰富的潮汐能源 [J]. 海洋技术, 2002, 21(3): 19-21.

[15] Fraenkel P L. Power from marine currents. Proceedings of the Institution of Mechanical Engineers: Part A Journal of Power and Energy, 2002, 216(1): 1-14.

[16] Bahaj A S, Myers L E. Fundamentals applicable to the utilization of marine current turbines for energy production [J]. Renewable Energy, 2003, 28(14): 2205-2211.

[17] Charlier R H. A "sleeper" awakes: tidal current power [J]. Renewable and Sustainable Energy Reviews, 2003, 7(6): 515-529.

[18] 王传崑，施伟勇. 中国海洋能资源的储量及其评价 [J]. 中国可再生能源学会海洋能专业委员会第一届学术讨论会文集，2008: 175-177.

[19] Vertical Axis Hydro Turbine [EB/ OL].http://www.bluenergy.com/technology_method_vaht.html.

[20] Utilizing Ocean Current Energy [EB/ OL]. http://www.marinetalk.com/articles-marine-companies/art/Utilizing-Ocean-Current-Energy-xxx00090500TU.html, 2001-11-26.

[21] Magagna D, Uihlein A. Ocean energy development in Europe: Current status and future perspectives[J]. International Journal of Marine Energy, 2015, 11:84-104.

[22] Ponte di Archimede International [EB/ OL]. http: //www. Pontediarchim ede. com/ languageus/, 2009-11-11.

[23] GCK Technology Inc[EB/ OL] . http: //www.gck technology. Com / GCK/ pg2. Html, 2009-11-11.

[24] Kiho S, Shiono M, Suzuki K. The power generation from tidal currents by Darrieus turbine[J]. Renewable Energy, 1996, 9(1): 1242-1245.

[25] 盛其虎，罗庆杰，张亮. 40kW 潮流电站载体设计 [J]. 中国可再生能源学会海洋能专业委员会成立大会暨第一届学术讨论会论文集，2008.

[26] 汪鲁兵，张亮，曾念东. 一种竖轴潮流发电水轮机性能优化方法的初步研究 [J]. 哈尔滨工程大学学报，2004，25(4)：417-422.

[27] 王树杰，鹿兰帅，李东. 海洋潮流能驱动的柔性叶片转子发电装置试验研究 [J]. 中国可再生能源学会海洋能专业委员会成立大会暨第一届学术讨论会论文集, 2008.

[28] Verdant Power [EB/ OL]. [2009-11- 11]. http: //www.verdantpower.com/.

[29] Wang S, Yuan P, Li D, et al. An overview of ocean renewable energy in China[J]. Renewable and Sustainable Energy Reviews, 2011, 15(1): 91-111.

[30] http://www.rexresearch.com/bernitsas/bernitsas.htm.

[31] Bernitsas M M, Raghavan K, Ben-Simon Y, et al. VIVACE (Vortex Induced Vibration Aquatic Clean Energy): a new concept in generation of clean and renewable energy from fluid flow [J]. Hamburg: Proceedings of the 25th International Conference on Offshore Mechanics and Arctic Engineering (OMAE '06), 2006.

[32] 罗续业. 开发利用波浪能解决边远海岛用电难题 [N]. 中国海洋报,2010-04-30(4).

[33] https://www.irena.org/-/media/Files/IRENA/Agency/Publication/2014/Wave-Energy_V4_web.pdf.

[34] Voith [EB/ OL]. http://voith.com/en/Voith_AR_2011_2.pdf.

[35] Oceanlinx [EB/ OL]. http://www.oceanlinx.com/technology/design-evolution.

[36] 王传崑. 我国海洋能资源开发现状和战略目标及对策 [J]. 动力工程, 1997, 17(5): 72-77.

[37] LIMPT [EB/OL] . [2010-04-06]. http: / / www. wavegen. co.uk/ what_we_offer_limpet . htm.

[38] Falcão A F O, Sabino M, Whittaker T, et al. Design of a shoreline wave power pilot plant for the island of pico, azores [J]. Lisbon: Proceedings of the 2nd European Wave Power Conference, 1995: 87-93.

[39] Wave energy in Europe: current status and perspectives [EB/OL]. [2010-04-06] . http: // www. emuconsult . dk/ includes/article. pdf.

[40] Henderson R. Design, simulation, and testing of a novel hydraulic power take-off system for the Pelamis wave Energy converter[J]. Renewable Energy, 2006, 31(2): 271-283.

[41] Kofoed J P, Frigaard P, Friis-Madsen E, et al. Prototype testing of the wave energy converter wave dragon[J]. Renewable Energy, 2006, 31(2): 181-189.

[42] Wave dragon [EB/OL] . [2010-04-06] . http://www.wavedragon.net.

[43] Lennard D E. Ocean thermal energy conversion—past progress and future prospects[J]. Physical Science, Measurement and Instrumentation, Management and Education-Reviews, IEE Proceedings A, 1987, 134(5): 381-391.

[44] Kim N J, Ng K C, Chun W. Using the condenser effluent from a nuclear power plant for Ocean Thermal Energy Conversion (OTEC)[J]. International Communications in Heat and Mass Transfer, 2009, 36(10): 1008-1013.

[45] Daniel T. A brief history of OTEC research at NELHA[J]. http://www. nelha. org. Natural Energy Laboratory of Hawaii Authority, 1999.

[46] 宁克信. 干涸盐湖浓差能实验发电装置设计原理 [J]. 海洋工程，1990, 8(2): 50-56.

[47] 刘岳元，冯铁城，刘应中. 水动力学基础 [M]. 上海：上海交通大学出版社，1990：49-52.

[48] 安德森. 计算流体力学基础及其应用 [M]. 北京：机械工业出版社, 2007：32-33.

[49] 刘应中. 船舶在波浪上的运动理论 [M]. 上海：上海交通大学出版社, 1987：8-20.

[50] 欧特尔 H. 普朗特流体力学基础. 朱自强，钱翼稷，李宗瑞译. 北京：科学出版社，2008: 185-196.

[51] Kundu P, Cohen I M, Ayyaswamy P S, et al. Fluid mechanics[J]. Fluid Mechanics, 2015, 46(10): 554-560.

[52] Reynolds O. On the dynamical theory of incompressible viscous fluids and the determination of the criterion[J]. Proceedings of the Royal Society of London, 1895, 56(336/337/338/339): 40-45.

[53] Prandtl L. Bericht über Untersuchungen zur ausgebildeten Turbulenz[J]. Z. Angew. Math. Mech, 1925, 5(2): 136-139.

[54] Prandtl L, Wieghardt K. Über ein neues Formelsystem für die ausgebildete Turbulenz[M]. Göttingen: Vandenhoeck & Ruprecht, 1945.

[55] Wilcox D C. Turbulence Modeling for CFD[M]. La Canada: DCW Industries, 2006.

[56] Kolmogorov A N. Equations of turbulent motion in an incompressible fluid[C]. Izvestiya Akademii Nauk SSR, Seriya Fizicheskaya VI, 1945, (1/2): 56-58.

[57] Launder B E, Spalding D B. The numerical computation of turbulent flows[J]. Computer Methods in Applied Mechanics and Engineering, 1974, 3(2): 269-289.

[58] Taylor G I . Statistical Theory of Turbulence. IV. Diffusion in a Turbulent Air Stream[J]. Proceedings of The Royal Society A, 1935, 151(873):465-478.

[59] Hanjalic K. Two-dimensional asymmetric turbulent flow in ducts[D]. London: University of London, 1970.

[60] Kolmogorov A N. The local structure of turbulence in an incompressible viscous fluid for very large Reynolds numbers[J]. Proceedings of the Royal Society of London, 1991, 1890(1890): 9-13.

[61] Leonard A. Energy cascade in large-eddy simulations of turbulent fluid flows[J]. Advances in Geophysics, 1974, 18A: 237-248.

[62] Deardorff J W. A numerical study of three-dimensional turbulent channel flow at large Reynolds numbers[J]. Journal of Fluid Mechanics, 1970, 41(2): 453-480.

[63] Smagorinsky J. General circulation experiments with the primitive equations: I. the basic experiment[J]. Monthly Weather Review, 1963, 91(3): 99-164.

[64] 刘延柱，朱本华. 理论力学 (BZ)[M]. 3 版. 北京：高等教育出版社，2009.

[65] 麦考密克 ME. 海洋波浪能转换 [M]. 许适, 译. 北京: 海洋出版社，1985.

[66] 莫兰 B. 海洋工程水动力学 [M]. 刘水庚, 译. 北京: 国防工业出版社, 2012.

[67] 黄德波. 水波理论基础 [M]. 北京: 国防工业出版社，2011.

[68] 李积德. 船舶耐波性 [M]. 北京: 国防工业出版社，1981.

[69] Kundu P K, Cohen L M. Fluid Mechanics, 638 pp[M]. California: Academic, 1990.

[70] 曾丹苓，敖越，张新铭，等. 工程热力学 [M]. 3 版. 北京: 高等教育出版社，2002.

[71] Burton T, Jenkins N, Sharpe D, et al. Wind Energy Handbook [M]. 2nd ed. New York: Wiley, 2011.

[72] Manwell J, Mcgowan J, Rogers A. Wind Energy Explained: Theory, Design and Application [M]. 2nd ed. New York: John Wiley & Sons, 2009.

[73] Batten W M J, Bahaj A S, Molland A F, et al. The prediction of the hydrodynamic performance of marine current turbines[J]. Renewable Energy, 2008, 33(5): 1085-1096.

[74] Hibbs B, Radkey R L. Small wind energy conversion systems (swecs) rotor performance model comparison study[J]. Aerovironment, Inc. prepared for Rockwell International Corporation, 1981.

[75] Van Grol H J, Snel H, Schepers J G. Wind Turbine Benchmark Exercise on Mechanical loads. A state of the art report. Volume 1, part A [J]. Energy Research Center of the Netherlands, 1991.

[76] Van Grol H J, Snel H, Schepers J G. Wind Turbine Benchmark Exercise on Mechanical loads. A state of the art report. Volume 1, part B [J]. Energy Research Center of the Netherlands, 1991.

[77] Li Y, Yi J H, Sale D. Recent improvement of optimization methods in a tidal current turbine optimal design tool[C]. 2012 Oceans. IEEE, 2012: 1-8.

[78] Wang L B, Zhang L, Zeng N D. A potential flow 2-D vortex panel model: applications to vertical axis straight blade tidal turbine[J]. Energy Conversion and Management, 2007, 48(2): 454-461.

[79] Li Y, Çalişal S M. A discrete vortex method for simulating a stand-alone tidal-current turbine: Modeling and validation[J]. Journal of Offshore Mechanics and Arctic Engineering, 2010, 132(3): 031102.

[80] Li Y, Çalişal S M. Three-dimensional effects and arm effects on modeling a vertical axis tidal current turbine[J]. Renewable Energy, 2010, 35(10): 2325-2334.

[81] Maniaci D, Li Y. Preliminary investigation of introducing added mass effect into the general dynamic wake theory for tidal currentturbines[J]. Marine Technology Society Journal, 2012, 46(4): 71-78.

[82] Goude A, Ågren O. Simulations of a vertical axis turbine in a channel[J]. Renewable Energy, 2014, 63: 477-485.

[83] Garrett C, Cummins P. Generating power from tidal currents[J]. Journal of Waterway, Port, Coastal, and Ocean Engineering, 2004, 130(3): 114-118.

[84] Kinnas S A, Xu W. Analysis of tidal turbines with various numerical methods[C]. 1st annual MREC Technical Conference, 2009.

[85] Young Y L, Motley M R, Yeung R W. Three-dimensional numerical modeling of the transient fluid-structural interaction response of tidal turbines[J]. Journal of Offshore Mechanics and Arctic Engineering, 2010, 132(1): 011101.

[86] Baltazar J, De Campos J A C F. Hydrodynamic analysis of a horizontal axis marine current turbine with a boundary element method[J]. Journal of Offshore Mechanics and Arctic Engineering, 2011, 133(4): 041304.

[87] Nicholls-Lee R F, Turnock S R, Boyd S W. Application of bend-twist coupled blades for horizontal axis tidal turbines[J]. Renewable Energy, 2013, 50: 541-550.

[88] McCombes T. An unsteady hydrodynamic model for tidal current turbines[D].Glasgow, University of Strathclyde, 2014.

[89] Deglaire P, Ågren O, Bernhoff H, et al. Conformal mapping and efficient boundary element method without boundary elements for fast vortex particle simulations[J]. European Journal of Mechanics-B/Fluids, 2008, 27(2): 150-176.

[90] Deglaire P, Engblom S, Ågren O, et al. Analytical solutions for a single blade in vertical axis turbine motion in two-dimensions[J]. European Journal of Mechanics-B/Fluids, 2009, 28(4): 506-520.

[91] Afgan I, McNaughton J, Rolfo S, et al. Turbulent flow and loading on a tidal stream turbine by LES and RANS[J]. International Journal of Heat and Fluid Flow, 2013, 43: 96-108.

[92] Harrison M E, Batten W M J, Myers L E, et al. Comparison between CFD simulations and experiments for predicting the far wake of horizontal axis tidal turbines[J]. IET Renewable Power Generation, 2010, 4(6): 613-627.

[93] Kim K P, Ahmed M R, Lee Y H. Efficiency improvement of a tidal current turbine utilizing a larger area of channel[J]. Renewable Energy, 2012, 48: 557-564.

[94] Jo C H, Lee J H, Rho Y H, et al. Performance analysis of a HAT tidal current turbine and wake flow characteristics[J]. Renewable Energy, 2014, 65: 175-182.

[95] Yang B, Lawn C. Fluid dynamic performance of a vertical axis turbine for tidal currents[J]. Renewable Energy, 2011, 36(12): 3355-3366.

[96] Lawson M J, Li Y, Sale D C. Development and verification of a computational fluid dynamics model of a horizontal-axis tidal current turbine[C]. ASME 2011 30th International Conference on Ocean, Offshore and Arctic Engineering. American Society of Mechanical Engineers, 2011: 711-720.

[97] Sun X, Chick J P, Bryden I G. Laboratory-scale simulation of energy extraction from tidal currents[J]. Renewable Energy, 2008, 33(6): 1267-1274.

[98] Li Z, Li Y, Ghia K. Numercial simulation of a horizontal axis tidal current turbine with free surface[J]. Journal of Fluid Mechanics(Submitted).

[99] Turnock S R, Phillips A B, Banks J, et al. Modelling tidal current turbine wakes using a coupled RANS-BEMT approach as a tool for analysing power capture of arrays of turbines[J]. Ocean Engineering, 2011, 38(11): 1300-1307.

[100] Batten W M J, Harrison M E, Bahaj A S. Accuracy of the actuator disc-RANS approach for predicting the performance and wake of tidal turbines[J]. Phil. Trans. R. Soc. A, 2013, 371(1985): 20120293.

[101] Singh P M, Choi Y D. Shape design and numerical analysis on a 1 MW tidal current turbine for the south-western coast of Korea[J]. Renewable Energy, 2014, 68: 485-493.

[102] Malki R, Williams A J, Croft T N, et al. A coupled blade element momentum–Computational fluid dynamics model for evaluating tidal stream turbine performance[J]. Applied Mathematical Modelling, 2013, 37(5): 3006-3020.

[103] Churchfield M J, Li Y, Moriarty P J. A large-eddy simulation study of wake propagation and power production in an array of tidal-current turbines[J]. Philosophical Transactions of the Royal Society of London A: Mathematical, Physical and Engineering Sciences, 2013, 371(1985): 20120421.

[104] Kang S, Yang X, Sotiropoulos F. On the onset of wake meandering for an axial flow turbine in a turbulent open channel flow[J]. Journal of Fluid Mechanics, 2014, 744: 376-403.

[105] Romero-Gomez P, Richmond M C. Discrete element modeling of blade–strike frequency and survival of fish passing through hydrokinetic turbines[C]. Seattle: Proceedings of the 2nd Marine Energy Technology Symposium, 2014.

[106] Bahaj A S, Molland A F, Chaplin J R, et al. Power and thrust measurements of marine current turbines under various hydrodynamic flow conditions in a cavitation tunnel and a towing tank[J]. Renewable Energy, 2007, 32(3): 407-426.

[107] Coiro D P, Maisto U, Scherillo F, et al. Horizontal axis tidal current turbine: numerical

and experimental investigations[C]. Rome: Proceeding of Offshore wind and other marine renewable energies in Mediterranean and European seas, European seminar, 2006.

[108] Galloway P W, Myers L E, Bahaj A B S. Quantifying wave and yaw effects on a scale tidal stream turbine[J]. Renewable Energy, 2014, 63: 297-307.

[109] Good A, Hamill G A, Whittaker T, et al. PIV analysis of the near wake of a tidal turbine[C]. The Twenty-first International Offshore and Polar Engineering Conference. International Society of Offshore and Polar Engineers, 2011.

[110] Luznik L, Van Benthem M, Flack K A, et al. Near wake characteristics of a model horizontal axis marine current turbine under steady and unsteady inflow conditions[C]. 2013 OCEANS-San Diego. IEEE, 2013: 1-7.

[111] Lust E E, Luznik L, Flack K A, et al. The influence of surface gravity waves on marine current turbine performance[J]. International Journal of Marine Energy, 2013, 3: 27-40.

[112] Klaptocz V R, Rawlings G W, Nabavi Y, et al. Numerical and experimental investigation of a ducted vertical axis tidal current turbine[C]. Porto: Proceedings of the Seventh European Wave and Tidal Energy Conference, 2007: 1-6.

[113] Clarke J A, Connor G, Grant A D, et al. Design and testing of a contra-rotating tidal current turbine[J]. Proceedings of the Institution of Mechanical Engineers, Part A: Journal of Power and Energy, 2007, 221(2): 171-179.

[114] Li Y, Calişal S M. Modeling of twin-turbine systems with vertical axis tidal current turbines: Part I—Power output[J]. Ocean Engineering, 2010, 37(7): 627-637.

[115] Li Y, Calişal S M. Modeling of twin-turbine systems with vertical axis tidal current turbine: Part II—Torque fluctuation[J]. Ocean Engineering, 2011, 38(4): 550-558.

[116] Wang D, Atlar M, Sampson R. An experimental investigation on cavitation, noise, and slipstream characteristics of ocean stream turbines[J]. Proceedings of the Institution of Mechanical Engineers, Part A: Journal of Power and Energy, 2007, 221(2): 219-231.

[117] Li Y, Reed M, Smith B. 2011 marine hydrokinetic device modeling workshop: Final report; March 1, 2011[R]. National Renewable Energy Laboratory (NREL), Golden, CO., 2011.

[118] Whelan J I, Graham J M R, Peiro J. A free-surface and blockage correction for tidal turbines[J]. Journal of Fluid Mechanics, 2009, 624: 281-291.

[119] Maganga F, Germain G, King J, et al. Experimental characterisation of flow effects on marine current turbine behaviour and on its wake properties[J]. IET Renewable Power Generation, 2010, 4(6): 498.

[120] Chamorro L P, Hill C, Morton S, et al. On the interaction between a turbulent open channel flow and an axial-flow turbine[J]. Journal of Fluid Mechanics, 2013, 716: 658-670.

[121] Neary V S, Gunawan B, Hill C, et al. Near and far field flow disturbances induced by model hydrokinetic turbine: ADV and ADP comparison[J]. Renewable Energy, 2013,

60: 1-6.

[122] Javaherchi T, Stelzenmuller N, Aliseda A. Experimental and numerical analysis of the doe reference model 1 horizontal axis hydrokinetic turbine[C]. Proceedings of the 1st Marine Energy Technology Symposium, 2013.

[123] Bahaj A S, Myers L E. Shaping array design of marine current energy converters through scaled experimental analysis[J]. Energy, 2013, 59: 83-94.

[124] Lilypad. [Online]. http://www.energyisland.com/projects/lilypad/lilypad.html.

[125] MCT turbine. UK deployment of a 300kW turbine[EB/OL]. [2013-6]. URL www.marine-turbines. com.

[126] Verdant turbine. US deployment of an array ofturbines[EB/OL] .[2013-5]. URL http://www.verdantpower.com, May 2013.

[127] Calcagno G, Salvatore F, Greco L, et al. Experimental and numerical investigation of an innovative technology for marine current exploitation: the Kobold turbine[C]. The sixteenth international offshore and polar engineering conference. International Society of Offshore and Polar Engineers, 2006.

[128] Fraenkel P L. Marine current turbines: pioneering the development of marine kinetic energy converters[J]. Proceedings of the Institution of Mechanical Engineers, Part A: Journal of Power and Energy, 2007, 221(2): 159-169.

[129] Fraenkel P L. Development and testing of Marine Current Turbine's SeaGen 1.2 MW tidal stream turbine[C]. Proc. 3rd International Conference on Ocean Energy, 2010.

[130] B Cockburn, G. Karniadakis, C.-W. Shu (Eds.), Discontinuous Galerkin Methods: Theory, Computation and Applications, Lecture Notes in Computational Science and Engineering, vo Springer, Berlin, 2000, (11): 3-50.

[131] Mason-Jones A, O'Doherty D M, Morris C E, et al. Influence of a velocity profile & support structure on tidal stream turbine performance[J]. Renewable Energy, 2013, 52: 23-30.

[132] Li Y, Colby J A, Kelley N, et al. Inflow measurement in a tidal strait for deploying tidal current turbines: lessons, opportunities and challenges[C]. ASME 2010 29th international conference on ocean, offshore and arctic engineering. American Society of Mechanical Engineers, 2010: 569-576.

[133] Gunawan B, Neary V S, Colby J. Tidal energy site resource assessment in the East River tidal strait, near Roosevelt Island, New York, New York[J]. Renewable Energy, 2014, 71: 509-517.

[134] Tedds S C, Owen I, Poole R J. Near-wake characteristics of a model horizontal axis tidal stream turbine[J]. Renewable Energy, 2014, 63: 222-235.

[135] Garrett C, Cummins P. The efficiency of a turbine in a tidal channel[J]. Journal of Fluid Mechanics, 2007, 588: 243-251.

[136] Chamorro L P, Arndt R E A, Sotiropoulos F. Reynolds number dependence of turbulence statistics in the wake of wind turbines[J]. Wind Energy, 2012, 15(5): 733-742.

[137] Nishino T, Willden R H J. Two-scale dynamics of flow past a partial cross-stream array of tidal turbines[J]. Journal of Fluid Mechanics, 2013, 730: 220-244.

[138] Garrett C, Cummins P. Limits to tidal current power[J]. Renewable Energy, 2008, 33(11): 2485-2490.

[139] Vennell R. Tuning turbines in a tidal channel[J]. Journal of Fluid Mechanics, 2010, 663: 253-267.

[140] Garrett C, Cummins P. Maximum power from a turbine farm in shallow water[J]. Journal of Fluid Mechanics, 2013, 714: 634-643.

[141] Afgan I, McNaughton J, Rolfo S, et al. Turbulent flow and loading on a tidal stream turbine by LES and RANS[J]. International Journal of Heat and Fluid Flow, 2013, 43: 96-108.

[142] Whittaker T, Collier D, Folley M, et al. The development of Oyster-A shallow water surging wave energy converter[J]. Proceedings of 7th European Wave Tidal Energy Conference, 2007.

[143] Henry A, Doherty K, Cameron L, et al. Advances in the design of the oyster wave energy converter[C]. Marine Renewables and Offshore Wind Conference, Royal Institute of Naval Architects, 2010.

[144] Caska A J, Finnigan T D. Hydrodynamic characteristics of a cylindrical bottom-pivoted wave energy absorber[J]. Ocean Engineering, 2008, 35(1): 6-16.

[145] 李继刚，李殿森，杨庆保. 从正反两个角度探讨摆式波力电站的吸能机制 [J]. 海洋技术学报，1999, (1): 55-59.

[146] Bhinder M A, Mingham C G, Causon D M, et al. Numerical and experimental study of a point absorbing wave energy converter in regular waves[C]// International Conference on Clean Electrical Power. 2009.

[147] 田育丰，黄焱，史庆增. 对摆式波能发电装置与波浪耦合作用数值模拟 [C]. 第十五届中国海洋 (岸) 工程学术讨论会, 2011.

[148] Alves M, Brito-Melo A, Sarmento A J N A. Numerical Modelling of the Pendulum Ocean Wave Power Converter using a Panel Method[J]. Proceedings of the International Offshore and Polar Engineering Conference, 2002.

[149] Folley M, Whittaker T, Van't Hoff J. The design of small seabed-mounted bottom-hinged wave energy converters[C]. Porto: Proceedings of the 7th European wave and tidal energy conference, 2007: 455.

[150] Koo W, Kim M H, Lee D H, et al. Nonlinear time-domain simulation of pneumatic floating breakwater[J]. International Journal of Offshore & Polar Engineering, 2013, 16(1): 25-32.

[151] Count B M, Evans D V. The influence of projecting sidewalls on the hydrodynamic performance of wave-energy devices[J]. Journal of Fluid Mechanics,1984, 145(1): 361-376.

[152] Malmo O, Reitan A. Wave-power absorption by an oscillating water column in a channel[J]. Journal of Fluid Mechanics, 1985, 158(9): 153-175.

[153] Malmo O, Reitan A. Wave-power absorption by an oscillating water column in a reflecting wall [J]. Applied Ocean Research, 1986, 8(1): 42-48.

[154] Evans D V. Wave-power absorption by systems of oscillating surface pressure distributions[J]. Journal of Fluid Mechanics, 1981, 114(1): 481-499.

[155] Sarmento A J NA, Falcão A F de O. Wave generation by an oscillating surface-pressure and its application in wave-energy extraction[J]. Journal of Fluid Mechanics, 1985, 150: 467-485.

[156] Falnes J, Mclver P. Surface wave interactions with systems of oscillating bodies and pressure distributions[J]. Applied Ocean Research, 1985, 7(4): 225-234.

[157] You Y. Hydrodynamic analysis on wave power devices in near-shore zones[J]. Journal of Hydrodynamics, 1993, 5(3): 42-54.

[158] You Y, Yu Z, Katory M, et al. Onshore wave power stations: analytical and experimental investigations[C]. Proceedings of the International Conference on Offshore Mechanics and Arctic Engineering. American Society of Mechanical Engineers, 1997: 105-112.

[159] Delauré Y M C, Lewis A. A 3D parametric study of a rectangular bottom-mounted OWC power plant[J]. Stavanger: the eleventh International Offshore and Polar Engineering Conference, 2013.

[160] Wang D J, Katory M, Bakountouzis L. Hydrodynamic analysis of shoreline OWC type wave energy converters[J]. 水动力学研究与进展 (英文版), 2002, 14(1): 8-15.

[161] Wehausen J V, Laitone E V. Surface waves[J]. Encyclopedia of Physics, 1960, 9(68): 446-778.

[162] Lee C H, Newman J N, Nielsen F G. Wave interactions with an oscillating water column[J]. 1996, 1: 82-90.

[163] Brito-Melo A, Sarmento A J N A, Clement A H, et al. A 3D boundary element code for the analysis of OWC wave-power plants[C]. International Offshore & Polar Engineering Conference. International Society of Offshore and Polar Engineers, 1999: 188-195.

[164] Delauré Y M C, Lewis A. 3D hydrodynamic modelling of fixed oscillating water column wave power plant by a boundary element methods[J]. Ocean Engineering, 2003, 30(3): 309-330.

[165] Salter S H. Numerical and experimental modelling of a modified version of the Edinburgh Duck wave energy device[J]. Proceedings of the Institution of Mechanical Engineers Part M Journal of Engineering for the Maritime Environment, 2006, 220(9): 129-147.

[166] Li Y, Yu Y H. A synthesis of numerical methods for modeling wave energy converter-point absorbers[J]. Renewable & Sustainable Energy Reviews, 2012, 16(6): 4352-4364.

[167] Whittaker T, Folley M. Nearshore oscillating wave surge converters and the development of Oyster[J]. Philosophical Transactions, 2012, 370(1959):345.

[168] Flocard F, Finnigan T D. Laboratory experiments on the power capture of pitching vertical cylinders in waves[J]. Ocean Engineering, 2010, 37(11/12): 989-997.

[169] Flocard F, Finnigan T D. Increasing power capture of a wave energy device by inertia adjustment[J]. Applied Ocean Research, 2012, 34(1): 126-134.

[170] Chaplin R V, Aggidis G A. An investigation into power from pitch-surge point-absorber wave energy converters[C]. International Conference on Clean Electrical Power, 2007: 520-525.

[171] Ogai S, Umeda S, Ishida H. An experimental study of compressed air generation using a pendulum wave energy converter[C]. Proceedings of the 9th International Conference on Hydrodynamics, 2010: 290-295.

[172] 夏增艳，张中华，王兵振，等. 摆式波浪能转换装置固有圆频率理论计算研究 [J]. 海洋技术学报, 2011, 30(1): 91-94.

[173] Bønke K, Ambli N. Prototype Wave Power Stations in Norway[C]// Utilization of Ocean Waves — wave to Energy Conversion. 2015.

[174] Tseng R S, Wu R H, Huang C C. Model study of a shoreline wave-power system[J]. Ocean Engineering, 2000, 27(8): 801-821.

[175] 刘月琴，武强. 岸式波力发电装置水动力性能试验研究 [J]. 海洋工程, 2002, 20(04): 93-97.

[176] 梁贤光，孙培亚，游亚戈. 汕尾 100kW 波力电站气室模型性能试验 [J]. 海洋工程, 2003, 21(01): 113-116.

[177] Yu Y H, Li Y. Reynolds-averaged Navier - Stokes simulation of the heave performance of a two-body floating-point absorber wave energy system[J]. Computers & Fluids, 2013, 73(6): 104-114.

[178] 苏永玲，谢晶，葛茂泉. 振荡浮子式波浪能转换装置研究 [J]. 上海海洋大学学报, 2003, 12(04): 338-342.

[179] 平丽. 振荡浮子式波能转换装置性能的研究 [D]. 大连: 大连理工大学, 2005.

[180] 勾艳芬，叶家玮，李峰, 等. 振荡浮子式波浪能转换装置模型试验 [J]. 太阳能学报, 2008, 29(04): 498-501.

[181] Devis-Morales A, Montoya-Sánchez R A, Osorio A F, et al. Ocean thermal energy resources in Colombia[J]. Renewable Energy, 2014, 66: 759-769.

[182] Vega L A, Michaelis D. First generation 50 MW OTEC plantship for the production of electricity and desalinated water[C]. Offshore Technology Conference, 2010.

[183] Wang S, Yuan P, Li D, et al. An overview of ocean renewable energy in China[J]. Renewable and Sustainable Energy Reviews, 2011, 15(1): 91-111.

[184] Budal K. Theory for absorption of wave power by a system of interacting bodies [J]. Journal of Ship Research, 1977, 21(4).

[185] Falnes J. Radiation impedance matrix and optimum power absorption for interacting oscillators in surface waves [J]. Applied Ocean Research, 1980, 2(2): 75-80.

[186] Evans D V. Some analytic results for two- and three-dimensional wave-energy absorbers [J]// Count B Power from Sea Waves. Cambridge: Academic Press. 1980: 213-249.

[187] Thomas G P, Evans D V. Arrays of three-dimensional wave-energy absorbers. Journal of Fluid Mechanics, 1981, 108: 67-88.

[188] Mclver P. Some hydrodynamic aspects of arrays of wave-energy devices. Applied Ocean Research, 1994, 16(2): 61-69.

[189] Child B F M, Venugopal V. Optimal configurations of wave energy device arrays. Ocean Engineering, 2010, 37: 1402-1417.

[190] Wolgamot H A, Taylor P H, Eatock Taylor R. The interaction factor and directionality in wave energy arrays. Ocean Engineering, 2012, 47: 65-73.

[191] Babarit A. Impact of long separating distances on the energy production of two interacting wave energy converters. Ocean Engineering, 2010, 37(8/9): 718-729.

[192] Borgarino B, Babarit A, Ferrant P. Impact of wave interactions effects on energy absorption in large arrays of wave energy converters [J]. Ocean Engineering, 2012, 41: 79-88.

[193] Erselcan İ Ö, Kükner A. A numerical analysis of several wave energy converter arrays deployed in the Black Sea [J]. Ocean Engineering, 2017, 131: 68-79.

[194] Cruz J, Sykes R, Siddorn P, et al. Estimating the loads and energy yield of arrays of wave energy converters under realistic seas [J]. IET Renew Power Gener, 2010, (4): 488-497.

[195] de Andrés A, Guanche R, Meneses L, et al. Factors that influence array layout on wave energy farms [J]. Ocean Eng. 2014, (82): 32-41.

[196] Engstrom J, Eriksson M, Goteman M, et al. Performance of large arrays of point absorbing direct-driven wave energy converters [J]. J Appl. Phys., 2013, (114): 204502.

[197] Goteman M, Engstrom J, Eriksson M,et al. Methods of reducing power fluctuations in wave energy parks [J]. J Renew. Sust. Energy, 2014, (6): 043103.

[198] Bozzi S, Giassi M, Miquel A M, et al. Wave energy farm design in real wave climates: the Italian offshore [J]. Energy, 2017, (122): 378-389.

[199] O'Dea A, Haller M C, Özkan-Haller HT. The impact of wave energy converter arrays on wave-induced forcing in the surf zone [J]. Ocean Engineering, 2018, 161: 322-336.

[200] López-Ruiz A, Bergillos R J, Lira-Loarca A, et al. A methodology for the long-term simulation and uncertainty analysis of the operational lifetime performance of wave energy converter arrays [J]. Energy, 2018, 153: 126-135.

[201] Alejandro López-Ruiz, Rafael J. Bergillos, Andrea Lira-Loarca, Miguel Ortega-Sánchez, A methodology for the long-term simulation and uncertainty analysis of the operational lifetime performance of wave energy converter arrays, Energy,Volume 153,2018,Pages 126-135,ISSN 0360-5442,

[202] 吴广怀，沈庆，陈徐均，等. 浮体间距对多浮体系统水动力系数的影响 [J]. 海洋工程，2003, (04): 29-34.

[203] 朱海荣，朱仁传，缪国平. 波物相互作用的三维时域数值模拟 [C]. 济南: 第二十一届全国水动力学研讨会暨第八届全国水动力学学术会议暨两岸船舶与海洋工程水动力学研讨会，2008: 333-340.

[204] 史琪琪，柏木正，杨建民，等. 基于高阶边界元法和波浪交互理论的三维相邻多浮体问题研究 [J]. 船舶力学，2012, (OS): 504-513.

[205] 徐亮瑜，杨建民，李欣. 基于茹性流体的小间距多浮体水动力干扰研究 [C]. 大连: 第十六届中国海洋 (岸) 工程学术讨论会, 2013: 34-44.

[206] 何光宇, 杨绍辉, 何宏舟, 等. 阵列式波浪能发电装置的水动力分析 [J]. 水力发电学报, 2015, 34(02): 118-124.

[207] 刘秋林. 点吸收浮子阵列的波能转换特性研究 [D]. 北京: 清华大学, 2016.

[208] 史宏达, 王东, 杨智鸿. 振荡浮子阵列间距的数值模拟 [J]. 中国海洋大学学报 (自然科学版), 2017, 47(05): 106-112.

[209] Avery W H, Wu C. Renewable Energy from the Ocean: A Guide to OTEC[M]. Oxford: Oxford University Press, 1994.

[210] World Ocean Atlas 2001 (one degree objectively analyzed fields and statistics), National Oceanographic Data Center, 2001.

[211] Makai. [online].http://www.makai.com/.

[212] Charlier R H, Justus J R. Ocean Energies: Environmental, Economic and Technological Aspects of Alternative Power Sources[M]. London: Elsevier, 1993.

[213] Heydt G T. An assessment of ocean thermal energy conversion as an advanced electric generation methodology. Proceedings of the IEEE, 81 (3), 1993: 409-418.

[214] Zhang X, He M, Zhang Y. A review of research on the Kalina cycle[J]. Renewable and Sustainable Energy Reviews, 2012, 16(7): 5309-5318.

[215] Goto S, Motoshima Y, Sugi T, et al. Construction of simulation model for OTEC plant using Uehara cycle[J]. Electrical Engineering in Japan, 2011, 176(2): 1-13.

[216] Yamada N, Hoshi A, Ikegami Y. Performance simulation of solar-boosted ocean thermal energy conversion plant. Renewable Energy 34(7), 2009: 1752-1758.

[217] Panchal C B, Bell K J. Simultaneous production of desalinated water and power using a hybrid-cycle OTEC plant[J]. Journal of Solar Energy Engineering, 1987, 109(2): 156-160.

[218] Matsuda, Yoshitaka, et al. Liquid level control of separator in an OTEC experimental plant with Uehara cycle via LQG control theory. Proceedings of the ISCIE International

Symposium on Stochastic Systems Theory and its Applications, 2016.

[219] Yeh R H, Su T Z, Yang M S. Maximum output of an OTEC power plant[J]. Ocean Engineering, 2005, 32(5): 685-700.

[220] Uehara H, Miyara A, Ikegami Y, Nakaoka T. Performance analysis of an OTEC plant and a desalination plant using an integrated hybrid cycle. Journal of solar energy engineering 118(2), 1996: 115-122.

[221] Metz W D. Ocean thermal energy: the biggest gamble in solar power[J]. Science, 1977, 198(4313): 178-180.

[222] Straatman P J T, van Sark W G. A new hybrid ocean thermal energy conversion–Offshore solar pond (OTEC-OSP) design: A cost optimization approach[J]. Solar Energy, 2008, 82(6): 520-527.

[223] Kim N J, Ng K C, Chun W. Using the condenser effluent from a nuclear power plant for Ocean Thermal Energy Conversion (OTEC)[J]. International Communications in Heat and Mass Transfer, 2009, 36(10): 1008-1013.

[224] Arcuri N, Bruno R, Bevilacqua P. LNG as cold heat source in OTEC systems[J]. Ocean Engineering, 2015, 104: 349-358.

[225] Aftring R P, Taylor B F. Assessment of microbial fouling in an ocean thermal energy conversion experiment[J]. Applied and Environmental Microbiology, 1979, 38(4): 734-739.

[226] Hammar L, Gullström M. Applying ecological risk assessment methodology for outlining ecosystem effects of ocean energy technologies[C]. Southamptin: 9th European Wave and Tidal Energy Conference, 2011.

[227] Lamadrid-Rose Y, Boehlert G W. Effects of cold shock on egg, larval, and juvenile stages of tropical fishes: potential impacts of ocean thermal energy conversion[J]. Marine Environmental Research, 1988, 25(3): 175-193.

[228] Horazak D A, Rabas T J. Capital cost system optimization of otec power modules[J]. Journal of Energy Resources Technology, 1979, 101(1): 74-79.

[229] Wick G L, Schmitt W R. Prospects for renewable energy from sea[J]. Marine Technology Society Journal, 1977, 11(5/6): 16-21.

[230] Loeb S. Production of energy from concentrated brines by pressure-retarded osmosis: I. Preliminary technical and economic correlations[J]. Journal of Membrane Science, 1976, 1: 49-63.

[231] Sheppard D, Powell G, Chou I. Flow field near an ocean thermal energy conversion plant. Coastal Engineering Proceedings, 1(15), 1976: 3068-3081.

[232] Chaplin C, Del Vecchio C, et al.. Appraisal of lightweight moorings for deep water. Offshore Technology Conference, 1992.

[233] Olsson M, Wick G L, Isaacs J D. Salinity gradient power: utilizing vapor pressure differences[J]. Science, 1979, 206(4417): 452-454.

[234] Nithesh K, Chatterjee D, Oh C, Lee Y H. Design and performance analysis of radial-inflow turboexpander for OTEC application. Renewable Energy, 85, 2016: 834-843.

[235] Pattle R E. Production of electric power by mixing fresh and salt water in the hydroelectric pile[J]. Nature, 1954, 174(4431): 660.